新型碳点/金属氧化物复合材料的
合成与光催化性能研究

—— 蔡婷婷◎著 ——

·成都·

图书在版编目（CIP）数据

新型碳点/金属氧化物复合材料的合成与光催化性能研究/蔡婷婷著. —成都：成都电子科技大学出版社，2024.3

ISBN 978-7-5770-0915-5

Ⅰ.①新… Ⅱ.①蔡… Ⅲ.①氧化物—金属材料—复合材料—材料制备—研究②金属氧化物催化剂—性能—研究 Ⅳ.① O614 ② O643.36

中国国家版本馆 CIP 数据核字（2024）第 046726 号

新型碳点/金属氧化物复合材料的合成与光催化性能研究
XINXING TANDIAN/JINSHU YANGHUAWU FUHE CAILIAO DE HECHENG YU GUANGCUIHUA XINGNENG YANJIU

蔡婷婷　著

策划编辑	卢　莉
责任编辑	杨梦婷
责任校对	陈姝芳
责任印制	梁　硕

出版发行	电子科技大学出版社
	成都市一环路东一段159号电子信息产业大厦九楼　邮编　610051
主　页	www.uestcp.com.cn
服务电话	028-83203399
邮购电话	028-83201495

印　　刷	武汉佳艺彩印包装有限公司
成品尺寸	170 mm×240 mm
印　　张	10.25
字　　数	150 千字
版　　次	2024年3月第1版
印　　次	2024年3月第1次印刷
书　　号	ISBN 978-7-5770-0915-5
定　　价	98.00 元

版权所有，侵权必究

前　　言

绿色高效光催化剂的设计与开发对太阳能的可持续转换、清洁燃料及有机化学品合成等方面至关重要。目前，已有多种纳米半导体材料用于制备光催化剂，但仍存在诸多问题。这些问题包括有限的可见光吸收效率、转移受限导致的表面载流子累积等。金属氧化物作为常用的光催化半导体材料，种类多样且化学性质稳定，但其较宽的带隙和高载流子复合率限制了其催化性能，因此需要通过掺杂、异质结构构建、改变形貌结构等策略对其进行调控。碳点（CDs）作为一种新型碳纳米材料，具有优异的可见光吸收与快速的光生载流子分离等性质，同时其表面丰富的官能团、杂原子及缺陷也赋予其与金属离子良好的结合及反应性。因此，利用CDs调控金属氧化物的形成，获得具有多种物相与结构组成的复合纳米材料，是改善金属氧化物能带结构并提高光催化活性的有效策略。基于此，本书制备了煤基CDs与多种金属氧化物的复合纳米材料，发现了CDs在不同金属氧化物形成过程中的介导作用，研究了CDs复合金属氧化物在不同有机物体系及较宽酸碱度条件下的光催化活性，并阐释了复合物的光催化机理及CDs在其中发挥的重要作用。本书的具体研究内容如下。

（1）绪论。介绍了光催化、CDs的含义及关于金属氧化物在光催化剂中的应用等。

（2）实验设备及方法。介绍了复合物的制备、活性物质的捕获与清除、电化学测试等所需的试剂、材料、设备和方法。

（3）CDs@CuO$_x$ 纳米复合物的制备与光催化活性研究。介绍了制备可自生的双氧水的复合氧化铜纳米材料的方法、表征手段与结果，并对其进行了光催化性能研究与机理分析。

（4）CaO$_2$/CDs 纳米复合物的制备与光催化活性研究。介绍了 CaO$_2$/CDs 纳米复合物的制备、表征，并对其进行了光催化性能研究及机理研究。

（5）a–NiO$_x$/CDs 纳米复合物的制备与光催化活性研究。介绍了 a–NiO$_x$/CDs 纳米复合物的制备、表征，并对其进行了光催化性能研究与机理分析、抑菌性能研究。

（6）结论、创新点与展望。总结了本书的主要内容、研究结论，并给出了本书的研究创新点及下一步的研究方向。

本书适合作为材料化学相关专业师生参考阅读用书，也可作为材料化学相关领域的研究人员或工作者的参考阅读材料。

在撰写本书的过程中，作者参考了许多专家、学者的论文及著作，在此表示衷心的感谢。由于作者水平有限，本书在写作过程中难免存在不足之处，敬请各位读者批评指正。

目　录

1 绪论 ··· 1
   1.1 光催化概述 ·· 1
   1.2 碳点概述 ··· 6
   1.3 金属氧化物的概况及其在光催化中的应用 ···················· 26
   1.4 CDs 复合金属氧化物光催化剂的研究进展 ···················· 33
   1.5 本书的研究目的及研究内容 ·· 41

2 实验设备及方法 ·· 44
   2.1 实验试剂及材料 ··· 44
   2.2 实验仪器及设备 ··· 45
   2.3 CDs 的制备方法 ··· 46
   2.4 实验测试方法 ·· 47
   2.5 本章小结 ··· 51

3 CDs@CuO$_x$ 纳米复合物的制备与光催化活性研究 ············· 52
   3.1 引言 ··· 52

3.2 光催化实验方法 ……………………………………………………… 53
3.3 样品制备与表征 ……………………………………………………… 55
3.4 光催化性能研究与机理分析 ………………………………………… 61
3.5 本章小结 ……………………………………………………………… 75

4 CaO_2 / CDs 纳米复合物的制备与光催化活性研究 ……………………… 77
4.1 引言 …………………………………………………………………… 77
4.2 样品制备与表征 ……………………………………………………… 79
4.3 CaO_2 / CDs 的光催化性能研究 ……………………………………… 86
4.4 CaO_2 / CDs 的光催化机理研究 ……………………………………… 93
4.5 本章小结 ……………………………………………………………… 105

5 a-NiO_x / CDs 纳米复合物的制备与光催化活性研究 …………………… 106
5.1 引言 …………………………………………………………………… 106
5.2 催化与抑菌实验方法 ………………………………………………… 108
5.3 样品制备与表征 ……………………………………………………… 109
5.4 a-NiO_x / CDs 光催化性能研究与机理分析 ………………………… 114
5.5 a-NiO_x / CDs 的抑菌性能探究 ……………………………………… 129
5.6 本章小结 ……………………………………………………………… 130

6 结论、创新点与展望 ……………………………………………………… 132
6.1 结论 …………………………………………………………………… 132
6.2 创新点 ………………………………………………………………… 134
6.3 展望 …………………………………………………………………… 134

参考文献 ……………………………………………………………………… 136

1 绪 论

1.1 光催化概述

随着人口增长、经济水平提高和工业化进程的加快,人们对能源日益增长的需求与环境污染之间的矛盾成了不得不面对的问题。据估计,到 20 世纪末,全球能源需求将耗尽我们严重依赖的不可再生能源(煤炭、石油和天然气)。同时,利用这些传统能源过程中产生的温室气体,化石燃料中的杂质产生的 SO_x 和 NO_x 等,都是造成当前环境问题的重要因素。从全球的能源形势来看,开发新技术利用可再生资源来替代传统能源已迫在眉睫。在可再生能源中,太阳能是最具吸引力的能源之一,它为地球提供了源源不断的清洁、丰富和可持续的能量。因此,预计太阳能可以满足未来全球能源消耗的很大一部分需求。利用太阳能的一种可行方法是将其转化为电能,可以通过光电反应直接将其转化为电能进行储存。也可以通过光催化的方式,利用光来激发或改善化学反应,例如,可以利用光催化从水中提取氢气作为清洁燃料,或者可以通过光催化还原 CO_2 以产生化学燃料等[1]。除了利用阳光来获取电能和燃料外，光催化反应还可用于水净化，如污染物降解、细菌清除和重金属离子还原等。同时，光催化也是促进绿色有机合成最有希望的替代方法。因此，继续开发高效、稳定和低成本的新型绿色光催化剂对实现未来的可持续发展具有重要意义。

1.1.1 光催化原理与发展

光催化剂吸收光子后，在多相固体表面产生光诱导电子（e^-）和空穴（h^+），从而引起氧化还原反应的发生。通常认为空穴和电子产生的活性物质是光催化中实际参与氧化和还原反应的物质。水溶液中进行的非均相催化一般有氧气与水的参与[2]，它们可转化为具有高反应性的活性氧（ROS）。已知四种主要的活性氧为超氧阴离子自由基（$·O_2^-$）、过氧化氢（H_2O_2）、单线态氧（$^1O_2$）和羟基自由基（$·OH$）。水、氧气与ROS之间的转化关系如图1-1所示。在光催化中，光诱导降解的效率取决于半导体光催化剂的种类和所采用的溶液条件，如pH等，ROS形成与转换反应的电极电位也与pH有关（图1-2）[2]。由于活性氧是光催化反应的主要中间体，因此对活性氧的识别、定量和动力学评价对于理解光降解机理、提高降解效率，以及为实际应用开发各种技术都很重要。在未来的人工光合作用的应用中，ROS的分析对于理解其机理和提高效率同样至关重要，因为它们也是分解水的中间物种。对于其他更复杂的体系来说，有水和氧参与的光催化是其基础，实际分析中还要加入其他涉及的活性物质进行综合考量。

---

[1] MAI H, CHEN D, TACHIBANA Y, et al. Developing sustainable, high-performance perovskites in photocatalysis: design strategies and applications [J]. Chemical Society Reviews, 2021, 50 (24): 13692-13729.

[2] NOSAKA Y, NOSAKA A Y. Generation and detection of reactive oxygen species in photocatalysis [J]. Chemical Reviews, 2017, 117 (17): 11302-11336.

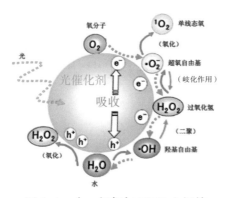 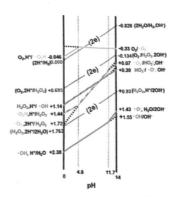

图 1-1 水、氧气与 ROS 之间的转化关系　　图 1-2 H_2O、H_2O_2 和 O_2 单电子氧化还原反应与 pH 的关系

光催化剂的开创性研究始于 20 世纪 30 年代，苏黎世联邦理工学院的鲍尔（Baur）和雷布曼（Rebmann）使用紫外光演示了光辅助 AgCl / TiCl 进行水分解，但该领域直到 1972 年发现 TiO_2 的光催化性能后才取得进展[①]。此后，许多研究都致力于对光催化剂 TiO_2 的结构与带隙进行调节，以提高其光活性，用于水分解和污染物降解。科学家们在研究中发现，含有其他元素的物质也可以表现出良好的光催化性能，因此开发出了越来越多的光催化材料，如 ZnO、WO_3、$BiVO_4$、Ag_3PO_4、量子点（QD）和无金属催化剂（g-C_3N_4、碳化硼、钙钛矿等）。为了进一步提高光催化效率并实现实际应用，异质结构也已被用于调节催化剂的氧化还原能力，从而改变电荷传输路径，如 Ⅱ 型异质结可以将电子和空穴分别向两个方向移动，而 Z 型异质结可以让电子和空穴流向更正的价带和更负的导带，从而在氧化还原中提供更高的电位[②]。

---

① FUJISHIMA A, HONDA K. Electrochemical photolysis of water at a semiconductor electrode [J]. Nature, 1972, 238（5358）: 37-38.

② XIE Z, FENG Y, WANG F, et al. Construction of carbon dots modified MoO_3/g-C_3N_4 Z-scheme photocatalyst with enhanced visible-light photocatalytic activity for the degradation of tetracycline [J]. Applied Catalysis B: Environmental, 2018, 229: 96-104.

尽管许多光催化剂已经被开发出来，但由于其转化效率较低，大多数光催化剂尚未实现工业应用。随着清洁能源和环境治理需求的日益增加，具有良好的可调能带结构、高的光生电荷分离与转移效率，具有优越循环利用性能的高效光催化剂备受期待。

1.1.2 光催化剂的设计原理

提高光催化反应效率的关键因素是抑制电子－空穴复合并调整带隙，以确保吸收足够的太阳光，同时保证氧化反应和还原反应所需的电位条件。目前，学者们已经提出了许多用于设计高效光催化剂的策略。

（1）能带调节。为了实现可见光驱动的光催化反应，光催化剂的带隙必须 < 3 eV，导带（CB）能级比还原半反应电位更负，价带（VB）能级比氧化半反应电位更正。可以通过在 CB 和 VB 之间形成新的中间能级，或通过掺杂与异质复合等来调整 CB 和 VB 的位置两种方式改变能带结构。

（2）调整大小和形态。为提高光催化活性，抑制电子－空穴复合，同时增加表面活性位点是光催化剂设计的关键要素。具体方法是通过将外来元素掺杂到光催化剂中改变颗粒的尺寸和形态，其原理是当电荷到表面的扩散距离缩短时，粒径的减小会影响光催化活性，从而使体积复合减少；而表面积的增加又会增加活性位点和反应物的接触，使催化活性提升。然而，需要注意的是，掺杂的优势是有限的，因为结构中过多的外来离子可能会产生更多的复合中心，从而降低光催化活性。

（3）Ⅱ型异质结和 Z 型异质结。为了提高光催化性能，可以将两种半导体结合形成异质结，使电子－空穴对在两个半导体上分离。目前在光催化中，研究人员比较感兴趣的异质结是Ⅱ型和 Z 型异质结，其根据电子－空穴转移机制而异。Ⅱ型异质结在异质界面处形成交错的间隙，CB 之间的能量差异将驱动光激发电子从一个半导体转移到另一个半导体，而 VB

之间的能量差异将迫使空穴向相反方向迁移，如图1-3（a）所示。因此，还原和氧化反应发生在不同的半导体上。在大多数情况下，窄带隙半导体具有合适的能带结构，可以用作光敏剂，因此可以更好地收集光并构建Ⅱ型异质结。但是，Ⅱ型异质结构降低了复合半导体光催化剂的还原和氧化能力。同时，由于静电排斥，电子迁移到潜在的富电子组元（或空穴迁移到富空穴组元），可能会减慢电荷在异质结上的移动。

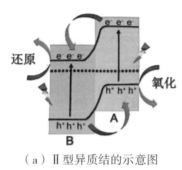

（a）Ⅱ型异质结的示意图

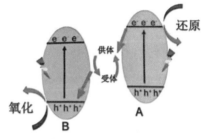

（b）具有穿梭氧化还原介质的Z型系统

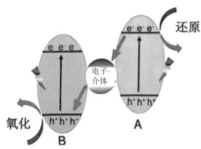

（c）具有固态电子介质的Z型系统

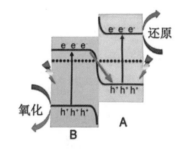

（d）直接Z型系统（虚线表示费米能级）

图1-3　Ⅱ型异质结及不同的Z型系统[①]

相比之下，Z型光催化体系则可提供更强的氧化还原能力。在典型的Z型异质结中，具有更高氧化能力但更正CB的半导体"B"中的光生电

---

① MAI H, CHEN D, TACHIBANA Y, et al. Developing sustainable, high-performance perovskites in photocatalysis: design strategies and applications [J]. Chemical Society Reviews, 2021, 50（24）: 13692-13729.

子与具有更高还原能力但更负 VB 的半导体"A"中的空穴复合［图 1-3（b～d）］。因此，具有较高还原能力的半导体"A"中的光生电子和具有较高氧化能力的半导体"B"中的光生空穴得以保留。

（4）扩展光吸收。光催化剂需要考虑光谱吸收的广度，以及进行两个半反应的能力，而大多数光催化剂的带隙过宽，在不改变光催化剂能带结构的情况下，可以在系统中引入光敏剂，从中产生光电子并将其注入光催化剂的 CB 中。最初由于染料对不同波长的光具有特定吸收，并且可以根据颜色进行判断，因此利用染料作为吸光剂。随着量子点和新型碳材料的发展，碳点作为一种粒径小于 10 nm 的具有可调节的表面结构的碳材料得到了关注并应用于光催化中。

1.2 碳点概述

在材料发展史上，每一次新的碳纳米材料的发现，都会带来材料领域的一场革命，如富勒烯 C60（1985 年）、碳纳米管（1991 年）、石墨烯（2004 年）等。近年来，碳点（carbon dots，CDs）由于其具有多色荧光、优良的光响应性及生物兼容性等，在化学传感、光催化、光动力学治疗等方面被广泛研究。CDs 是一种具有多色荧光发射和半导体性质的零维碳纳米材料，其直径一般小于 10 nm，具有 sp^2 杂化的石墨碳核和广泛分布的表面官能团[①]，包括羧基、羟基、酰胺、羰基等。CDs 也被称为"碳量子点

---

① YE R, XIANG C, LIN J, et al. Coal as an abundant source of graphene quantum dots [J]. Nature Communication, 2013, 4: 2943-2949.

(CQDs)"[1][2][3] "石墨烯量子点(GQDs)"[4][5] "碳纳米点(CNDs)"[3] 和"聚合物点(PDs)",本书中将其统称为"CDs"。自 2004 年首次发现[6]和 2006 年成功合成[7]以来,CDs 便引起了众多学者的关注。CDs 中存在的边缘缺陷、不同成分和表面态赋予其具有可调谐的发光、易于功能化、优异的光催化和光热效应特性,在生物成像、光电器件和光催化等领域具有广阔的应用前景。

1.2.1 碳点的制备、结构与性质简介

徐晓悠等人于 2004 年首次在纯化单壁碳纳米管的过程中意外发现了 CDs[6]。此后,人们提出了许多合成 CDs 的方法,总结起来分为"自上而下"和"自下而上"两类方法。前者是用化学氧化、电弧放电、激光烧蚀、电

---

[1] GENG B, YANG D, ZHENG F, et al. Facile conversion of coal tar to orange fluorescent carbon quantum dots and their composite encapsulated by liposomes for bioimaging [J]. New Journal of Chemistry, 2017, 41 (23): 14444-14451.

[2] JIA J, SUN Y, ZHANG Y, et al. Facile and efficient fabrication of bandgap tunable carbon quantum dots derived from anthracite and their photoluminescence properties [J]. Frontiers in Chemistry, 2020, 8: 123-132.

[3] SENTHIL K T, SURESH R, DHARMALINGAM P. Fluorescent carbon nano dots from lignite: unveiling the impeccable evidence for quantum confinement [J]. Physical Chemistry Chemical Physics, 2016, 18 (17): 12065-12073.

[4] YE R, PENG Z, METZGER A, et al. Bandgap engineering of coal-derived graphene quantum dots [J]. ACS Applied Materials & Interfaces, 2015, 7 (12): 7041-7048.

[5] DONG Y, LIN J, CHEN Y, et al. Graphene quantum dots, graphene oxide, carbon quantum dots and graphite nanocrystals in coals [J]. Nanoscale, 2014, 6 (13): 7410-7415.

[6] XU X, RAY R, GU Y, et al. Electrophoretic analysis and purification of fluorescent single-walled carbon nanotube fragments [J]. Journal of the American Chemical Society, 2004, 126: 12736-12737.

[7] SUN Y, ZHOU B, LIN Y, et al. Quantum-sized carbon dots for bright and colorful photoluminescence [J]. Journal of the American Chemical Society 2006, 128: 7756-7757.

化学刻蚀等方法对大块含碳材料进行劈裂和剥离出石墨结构微晶,后者是用分子前驱体通过水热、微波等方法从小分子组装合成CDs(图1-4)。图1-4(a)为自上而下切割较大的碳结构和自下而上热处理单源或多组分有机前驱体,图1-4(b)为CDs合成后对表面官能团的裁剪与修饰,图1-4(c)为CDs的应用[①]。一般来说,自上而下法制备的CDs具有高结晶度和相对完整的结构,而自下而上法制备的CDs则会含有无定形碳核,且表面具有丰富的官能团与掺杂位点。许多含碳材料,包括石墨、石墨烯、无烟煤等块状碳材料,以及柠檬酸、尿素、乙二胺等有机分子,甚至植物的叶子和果实,都被尝试用于合成CDs并取得了成功,因此CDs的前驱体具有广泛的选择范围。

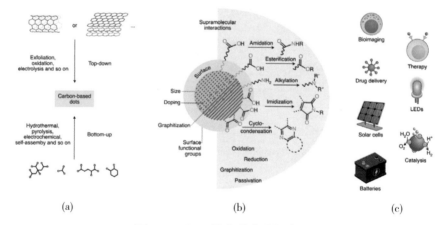

图1-4 CDs的合成方法及应用

不同的制备方法与前驱体等得到的CDs在成分与结构上都有一定的差异,同时它又具有结构的复杂性:不仅是单纯的碳结构,还包含了掺杂原子、表面缺陷及多种官能团结构,因此,CDs可以说是"一类材料"。

---

① ETHORDEVIC L, ARCUDI F, CACIOPPO M, et al. A multifunctional chemical toolbox to engineer carbon dots for biomedical and energy applications [J]. Nature Nanotechnology, 2022, 17 (2): 112-130.

通过对研究较多的高结晶 CDs 结构的总结,可以得出 CDs 的一些共同特点:第一,CDs 的吸收曲线一般由处于紫外光区的强吸收带与可见光区的拖尾组成,吸收带边延伸到红光区域附近;第二,通过高分辨透射电子显微镜(HRTEM)与原子力显微镜(AFM)等的分析,CDs 的尺寸一般集中在 2~10 nm,透射电子显微镜中可观察到 0.21 nm 或 0.34 nm 附近的晶面间距,分别对应着石墨碳核中的(100)和(002)晶面;第三,由于其短程有序长程、无序的特点,CDs 的 X 射线衍射峰为弥散峰,最高峰分布在 $2\theta = 20° \sim 30°$,对应着(002)晶面;第四,CDs 的拉曼光谱图中,对应石墨碳晶格缺陷的 D 峰与代表 sp^2 杂化面内伸缩振动的 G 峰分布在波数为 1 300~1 400 cm^{-1} 和 1 500~1 600 cm^{-1} 内;第五,CDs 的红外光谱与表面官能团有关,同时与制备方法及前驱体有密切关系;第六,X 射线光电子能谱的 C 1s 和 O 1s 峰中可分析到 C—C、C═C、C—O、C═O 的存在,在修饰处理或掺杂其他杂原子(如 S、P、N)后,还可以得到与之相对应的杂原子与碳原子之间的结合峰。荧光特性是 CDs 最早被发现且最引人注目的特性之一,CDs 具有多色、可调谐的荧光发射和较宽的激发波长范围。首次发现这种非常微小的 CDs 就是基于它们的 PL 发射[①]。一般情况下,光激发时,CDs 表现出荧光发射,不同 CDs 的性质随入射光的不同而变化。

前期对碳点的荧光研究主要集中在发射波长、颜色、亮度、量子产率等方面,并且对不同碳点的发光特性进行了研究与机理解读。随着研究的深入,发现碳点除了具有传统荧光材料的特点,还有上转换荧光、外界条

---

① XU X, RAY R, GU Y, et al. Electrophoretic analysis and purification of fluorescent single-walled carbon nanotube fragments [J]. Journal of the American Chemical Society,2004,126:12736-12737.

件刺激响应、聚集诱导发光（AIE）[①]等有趣的荧光现象（图1-5）。

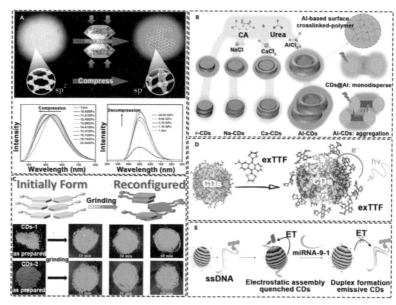

图1-5　CDs有趣的荧光现象[①]

近年来，对碳点的室温磷光（RTP）和热激活延迟荧光（TADF）等现象的发现又进一步扩大了CDs的研究范围，使其在物理、化学、生物、环境等多领域取得了长足的进步。对于CDs荧光机理的研究，得出了很多重要理论，包括共轭效应、表面态、分子态和交联增强发光等。目前，CDs发光特性的应用集中在化学传感、生物传感、光治疗、防伪、LEDs等方面。

CDs的优异光生载流子转移特性在近年来的研究中不断凸显。最初的研究发现，CDs可以在水溶液中被电子供体或电子受体有效猝灭；随后，通过瞬态光电流和电化学阻抗谱等手段，也可以直接观察到光引起的电流提升和电极阻抗的降低。因此，在光催化领域，CDs得到了长足的发展。近年来，

---

① WANG B, LU S. The light of carbon dots: From mechanism to applications [J]. Matter, 2022, 5（1）: 110-149.

学者们对 CDs 的光催化在催化性能、催化机理及应用等多方面进行了深入的探讨，发现其具有突出的催化活性。CDs 或其复合物可以氧化降解多种有机物，如亚甲基蓝、盐酸四环素、对硝基苯酚、双酚 A 等。此外，CDs 在光催化水产氢、光催化 CO_2 制甲醇、光催化产 H_2O_2 等方面均引起了研究热潮。

同时，CDs 具有低毒性与良好的生物相容性，可以将其用于生物传感与生物医学治疗中，并且近年来对长波长荧光 CDs 的探究，扩大了其在生物领域的应用。例如，对于糖蛋白、癌细胞、DNA 等的鉴定，以及对脂滴等重要生理物质动态变化的监测等。CDs 也可作为显像剂和光敏剂用于癌症治疗，在光动力学治疗、声动力学治疗、化学动力学治疗、肿瘤免疫治疗等方面，科学家们也进行了一定的探索。此外，CDs 在其他方面的性质也在被逐渐发现，如光热转换性能、CDs 介导复合物的合成、辅助电解液中金属离子的成核控制、作为添加剂增强纤维膜机械性能、手性 CDs 等，并且其应用范围还在不断扩大。

广泛的应用必然需要保证 CDs 的供给产量，并考虑制备过程的便捷性和经济性等因素。因此，合适的前驱体和相应的制备方法至关重要。煤是地球上储量最丰富、分布最广的化石燃料，已探明的可采储量超过 1 万吨，占全球一次能源消耗的 25%，广泛应用于与我们生活密切相关的发电、钢铁生产、化工等领域。而我国山西、新疆、内蒙古等均是产煤大省（区）。煤炭由于高的碳含量和低廉的价格，是制备 CDs 绝佳的前驱体材料，同时对煤炭的转化和清洁利用也将促进煤炭矿区资源、人口、环境和经济的可持续发展。

1.2.2 煤基 CDs 的制备与性质

煤炭主体的 95% 以上为以碳、氢、氧为主的有机物，从结构上看，煤是由桥键连接的芳香族、氢芳香族单元和大分子结构组成的三维交联网络的多晶材料。它们具有定域 π 电子，并含有高浓度的各种官能团和悬挂键。根据挥发分的含量的不同，煤可以简单地分为褐煤、烟煤和无烟煤。其中，无烟煤的煤阶最高，含碳量最高，杂质最少；褐煤挥发分高，超过 40%，煤化程度和发热量最低。煤通过热加工和催化加工，可转化为各种燃料和化工产品，包括焦炭、煤沥青、煤焦油、活性炭、液体燃料、甲醇等。这些产品保留了煤的主要结构特征和组分，是制备先进炭材料的潜在前驱体，同时会赋予 CDs 丰富的内部成分和表面结构，使其具有多种优良的性质。

（1）煤基 CDs 的制备

由煤及其衍生物合成 CDs 的方法主要包括水热法、溶剂热法、电化学氧化法剥离、物理剥离法等。目前，水热法和溶剂热法是制备煤基 CDs 最主要的合成方法。前者是在封闭的环境中，适当控制水或有机溶剂，使其达到超临界条件，从而达到剥离的目的（图 1-6），常用的反应溶剂包括乙二胺（EDA）、二甲基甲酰胺（DMF）、n- 甲基 -2- 吡咯烷酮等。后者是在普通的大气条件下，在含有酸性或氧化性的水溶液中来处理煤基材料（图 1-7），常用的刻蚀剂为硝酸（HNO_3）、硫酸（H_2SO_4）和甲酸（HCOOH），而氧化剂则包括双氧水（H_2O_2）、臭氧（O_3）等。通过傅里叶变换红外光谱（FTIR）和气相色谱－质谱（GC／MS）分析[①]，证明了这种方法在制备的 CDs 中引入了多种含氧基团和含 N 或 S 的基团，这些亲水官能团增加了 CDs 在水溶液中的分散性。水热法和溶剂热法无须特殊的反应设备条件，且操作简单、能耗低。

---

① GENG B, YANG D, ZHENG F, et al. Facile conversion of coal tar to orange fluorescent carbon quantum dots and their composite encapsulated by liposomes for bioimaging [J]. New Journal of Chemistry, 2017, 41 (23)：14444-14451.

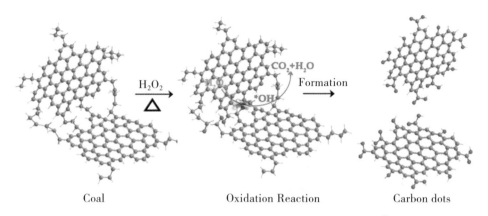

图 1-6 煤中有机碳选择性氧化生成 CDs 的示意图[①]

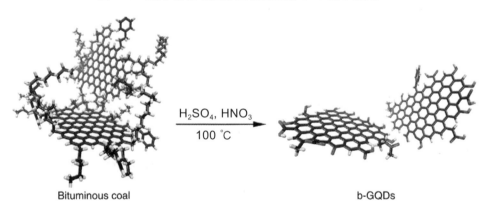

图 1-7 酸刻蚀烟煤制备 CDs 示意图[②]

电化学剥离法具有方便、成本低、效率高等优点。电化学氧化的机理可分为两类：一类是具有"剪刀"作用的活性自由基（如羟基自由基·OH 和超氧自由基·O_2^-）进行攻击，破坏碳域之间的连接（图 1-8）；另一类是阴离子的插层作用。通过控制电极上的电流密度、电解质种类和浓度等

---

① HU S, WEI Z, CHANG Q, et al. A facile and green method towards coal-based fluorescent carbon dots with photocatalytic activity [J]. Applied Surface Science, 2016, 378: 402-407.

② YE R, XIANG C, LIN J, et al. Coal as an abundant source of graphene quantum dots [J]. Nature Communication, 2013, 4: 2943-2949.

条件，可以相应地调整电极表面的颗粒尺寸和官能团。

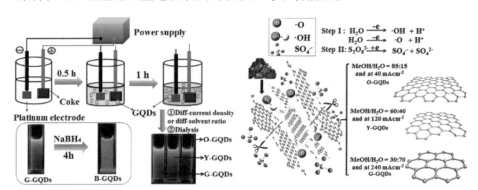

图 1-8 焦炭合成多色 CDs 的示意图及自由基攻击导致剥离过程的原理示意图[①]

物理过程是利用激光和超声波等高能能量对煤进行处理，将煤源材料破碎成小的纳米颗粒。该过程一般不需要化学试剂，因此免除了纯化过程，避免了后续的污染问题。然而，在一些实验中，也会在反应中加入溶剂，以促进小颗粒的分散与杂质溶解。物理过程时间更短，但设备的较大功率造成了能量消耗的激增。此外，该方法使 CDs 的表面缺陷和含氧基团的浓度低于酸刻蚀与氧化剂氧化过程。表 1-1 为煤基 CDs 的制备方法与条件汇总及比较，由此可以分析并总结出以下规律。

---

① HE M, GUO X, HUANG J, et al. Mass production of tunable multicolor graphene quantum dots from an energy resource of coke by a one-step electrochemical exfoliation [J]. Carbon, 2018, 140: 508-520.

表 1-1　煤基 CDs 的制备方法与条件汇总及比较

煤种类	溶液体系	操作方法	温度和时间	尺寸/nm	产率与量子产率/%
煤①	HNO_3	回流	130 ℃、12 h	10	14.7～56.3 1.8（QY）
无烟煤②	H_2SO_4：HNO_3 （3：1）	超声	100 ℃、24 h	4.5～70	20
无烟煤 沥青 焦炭③	H_2SO_4：HNO_3 （3：1）	搅拌	120 ℃、24 h	29±11 2.96±0.96 5.8±1.7	10～20
煤④	HNO_3	炭化预处理	140 ℃、24 h	1.96～3.10	30、 8.8（QY）
煤焦油⑤	HNO_3+甲苯	溶剂热	80 ℃、24 h	1.5～4.5	29.7（QY）
煤沥青⑥	甲酸+H_2O_2	搅拌	室温 20 h	3～5	49
无烟煤⑦	H_2O_2	搅拌	80 ℃、3 h	1～3	50～60

---

① DONG Y, LIN J, CHEN Y, et al. Graphene quantum dots, graphene oxide, carbon quantum dots and graphite nanocrystals in coals [J]. Nanoscale, 2014, 6 (13): 7410-7415.

② YE R, PENG Z, METZGER A, et al. Bandgap engineering of coal-derived graphene quantum dots [J]. ACS Applied Materials & Interfaces, 2015, 7 (12): 7041-7048.

③ YE R, XIANG C, LIN J, et al. Coal as an abundant source of graphene quantum dots [J]. Nature Communication, 2013, 4: 2943-2949.

④ HU C, YU C, LI M, et al. Chemically tailoring coal to fluorescent carbon dots with tuned size and their capacity for Cu (Ⅱ) detection [J]. Small, 2014, 10 (23): 4926-4933.

⑤ GENG B, YANG D, ZHENG F, et al. Facile conversion of coal tar to orange fluorescent carbon quantum dots and their composite encapsulated by liposomes for bioimaging [J]. New Journal of Chemistry, 2017, 41 (23): 14444-14451.

⑥ MENG X, CHANG Q, XUE C, et al. Full-colour carbon dots: from energy-efficient synthesis to concentration-dependent photoluminescence properties [J]. Chemical Communications, 2017, 53 (21): 3074-3077.

⑦ HU S, WEI Z, CHANG Q, et al. A facile and green method towards coal-based fluorescent carbon dots with photocatalytic activity [J]. Applied Surface Science, 2016, 378: 402-407.

续表

煤种类	溶液体系	操作方法	温度和时间	尺寸/nm	产率与量子产率/%
煤[①]	H_2O_2	超声	冰浴 6 h	1～30	2.34～21.95 3～14（QY）
无烟煤沥青[②]	H_2O_2	超声	冰浴 5～6 h	2～12	0.38～1.1（QY）
无烟煤[③]	H_2O_2	回流	100 ℃、2 h	1.7±0.4	80
无烟煤[④]	H_2SO_4/K_2FeO_4 H_2O_2	搅拌	40 ℃、1 h 100 ℃、1 h	3.2～5.8	4.3～18.9
长焰煤[⑤]	臭氧	鼓入气泡	室温 2 h	2～9	8.4（QY）
褐煤[⑥]	DMF	溶剂热	180 ℃、12 h	4.7	47（QY）
焦炭[⑦]	甲醇+H_2O $(NH_4)_2S_2O_8$	电化学刻蚀	室温 1 h	2.90～4.61	13.04～42.86 7.9～19.27（QY）

---

① DAS T, SAIKIA B K, DEKABORUAH H P, et al. Blue-fluorescent and biocompatible carbon dots derived from abundant low-quality coals [J]. Journal of Photochemistry and Photobiology B-biology, 2019, 195: 1-11.

② SAIKIA M, HOWER J C, DAS T, et al. Feasibility study of preparation of carbon quantum dots from Pennsylvania anthracite and Kentucky bituminous coals [J]. Fuel, 2019, 243: 433-440.

③ LIU Q, ZHANG J, HE H, et al. Green preparation of high yield fluorescent graphene quantum dots from coal-tar-pitch by mild oxidation [J]. Nanomaterials, 2018, 8(10): 844-853.

④ JIA J, SUN Y, ZHANG Y, et al. Facile and efficient fabrication of bandgap tunable carbon quantum dots derived from anthracite and their photoluminescence properties [J]. Frontiers in Chemistry, 2020, 8: 123-132.

⑤ XUE H, YAN Y, HOU Y, et al. Novel carbon quantum dots for fluorescent detection of phenol and insights into the mechanism [J]. New Journal of Chemistry, 2018, 42(14): 11485-11492.

⑥ LI M, YU C, HU C, et al. Solvothermal conversion of coal into nitrogen-doped carbon dots with singlet oxygen generation and high quantum yield [J]. Chemical Engineering Journal, 2017, 320: 570-575.

⑦ HE M, GUO X, HUANG J, et al. Mass production of tunable multicolor graphene quantum dots from an energy resource of coke by a one-step electrochemical exfoliation [J]. Carbon, 2018, 140: 508-520.

续表

煤种类	溶液体系	操作方法	温度和时间	尺寸/nm	产率与量子产率/%
无烟煤①	DMF	超声细胞破碎机	2 h	3.2±1.0	5.98（QY）
煤②	乙醇	脉冲激光烧蚀	高温 5 min	5～30	18
褐煤③	EDA	回流 微波 脉冲激光烧蚀	12 h 600 ℃、5 min 1064 ℃、60 min	60 35 3.5	<10（QY） <10（QY） 7%（QY）

注：QY 为荧光量子产率。

①化学和电化学法制备的 CDs 更均匀，表面含氧基团更丰富，这主要是因为氧化剂和溶剂的作用。当使用 HNO_3 和 H_2SO_4 作为氧化剂时，会出现含 N 和含 S 基团。在所有方法中，H_2O_2 氧化都能获得较高的产物回收率，且与酸氧化相比，时间更短、净化工艺更简单，是规模化生产中最有前景的策略。臭氧氧化虽然操作不复杂，但 CDs 回收率低。电化学氧化中的外加电流和溶剂可调节粒径和表面基团，但需要制备导电率合适的电极，并且要对材料进行预处理，这一过程烦琐且耗时。物理法比其他方法耗时更少，只需几分钟就能得到相同的产率，但需要耗费能源的设备，而且在尺寸和性能上的同质性并不乐观。

②前驱体的种类对制备的 CDs 的性能有影响。一般来说，煤阶等级较高的无烟煤提供了更多的石墨化碳骨架，而等级较低的烟煤和褐煤在碳基纳米材料上产生了更多的氧官能团。此外，煤焦油、焦炭等经过高温预处

---

① ZHANG Y, LI K, REN S, et al. Coal-derived graphene quantum dots produced by ultrasonic physical tailoring and their capacity for Cu（Ⅱ）detection［J］. ACS Sustainable Chemistry & Engineering, 2019, 7（11）：9793-9799.

② KANG S, KIM K M, JUNG K, et al. Graphene oxide quantum dots derived from coal for bioimaging: facile and green approach［J］. Scientific Reports, 2019, 9（1）：4101-4107.

③ SENTHIL K T, SURESH R, DHARMALINGAM P. Fluorescent carbon nano dots from lignite: unveiling the impeccable evidence for quantum confinement［J］. Physical Chemistry Chemical Physics, 2016, 18（17）：12065-12073.

理的煤产品在加热过程中会形成较大的石墨域，因此制备的CDs尺寸相对较大。

(2) 煤基碳点的性质

煤的种类不同和制备手段不同，使煤基CDs在结构、光吸收、分散性、光致发光和电子转移能力等方面具有多样性。此外，一些研究报道还提出了许多改进的制备工艺以调整CDs的性能。例如，N、S、P在CDs中的掺杂可以调节价带或导带的位置，而与半导体、贵金属等其他纳米材料的结合可以实现协同效应等。

煤基CDs具有一定的荧光性能，胡超等人[①]利用煤基CDs的荧光性能在PBS缓冲液中对多种金属离子进行检测，发现只有铜离子对CDs的猝灭效果表现出最高的选择性。长焰煤[②]制备的CDs对水中苯酚的检测灵敏度高，使检出限低至0.076 mmol/L。但煤基CDs与有机小分子自下而上合成得到的CDs相比，荧光量子产率普遍偏低。因此，常以掺杂的手段对其荧光性能进行调控。胡胜亮等人[③]将P、N元素加入煤基CDs中，以磷酸二铵（DAP）为改性剂合成双重光致发光颜色，即黄色和红色。研究还发现，激发波长、合成温度、溶剂种类及DAP的加入量均会引起黄色与红色荧光峰的峰位或相对发光强度比的变化。

煤基CDs具有较高的生物相容性和较低的细胞毒性。托克斯瓦尔

---

① HU C, YU C, LI M, et al. Chemically tailoring coal to fluorescent carbon dots with tuned size and their capacity for Cu（II）detection［J］. Small, 2014, 10（23）: 4926-4933.

② XUE H, YAN Y, HOU Y, et al. Novel carbon quantum dots for fluorescent detection of phenol and insights into the mechanism［J］. New Journal of Chemistry, 2018, 42（14）: 11485-11492.

③ HU S, MENG X, TIAN F, et al. Dual photoluminescence centers from inorganic-salt-functionalized carbon dots for ratiometric pH sensing［J］. Journal of Materials Chemistry C, 2017, 5（38）: 9849-9853.

(Tonkeswar)等人[1]研究了煤基CDs对5种细菌和2种真菌的影响。结果表明，50 μL CDs对细菌和真菌均无抑制作用。姜素贤（Kang）等人[2]发现煤基CDs的浓度从0.1～5 mg·mL^{-1}变化时，PanC-1细胞的存活率＞85%。因此煤基CDs可用于生物组织甚至是体内肿瘤的标记与治疗。杨应藤（Yew）等人[3]发现，用焦炭制备的CDs作为荧光纳米猝灭剂可以检测DNA。纳米材料的固有性质不仅支持其作为荧光共振能量转移（FRET）受体，而且CDs的宽激发范围和可调谐发射限制了荧光传感分析的背景干扰。

煤基CDs可以在光激发下产生电子与空穴，因其广泛存在的缺陷与表面态，可以在一定程度上抑制二者的复合。如果与合适的半导体复合，则可以进一步促成光生电子与空穴的转移，并参与到光催化过程中。常青（Chang）等人报道了煤沥青制备CDs还原苯酚的常见衍生物对苯二酚（HQ）和对苯二酚叔丁基（TBHQ）[4]。其中指出，首先，HOMO电子被光激发到LUMO能级，共轭空穴被捕获而不能与电子重新结合；随后迁移到表面的TBBQ分子，产生TBBQ自由基；最后，反应性强的TBBQ自由基易于在水溶液中与H$^+$反应，形成TBHQ。胡胜亮课题组评价了H$_2$O$_2$存在条件下煤基CDs的光催化性能[5]。他们的实验结果表明，在可见光下，煤

---

[1] DAS T, SAIKIA B K, DEKABORUAH H P, et al. Blue-fluorescent and biocompatible carbon dots derived from abundant low-quality coals [J]. Journal of Photochemistry and Photobiology B-biology, 2019, 195: 1-11.

[2] KANG S, KIM K M, JUNG K, et al. Graphene oxide quantum dots derived from coal for bioimaging: facile and green approach [J]. Scientific Reports, 2019, 9（1）: 4101-4107.

[3] YEW Y T, LOO A H, SOFER Z, et al. Coke-derived graphene quantum dots as fluorescence nanoquencher in DNA detection [J]. Applied Materials Today, 2017, 7: 138-143.

[4] CHANG Q, SONG Z, XUE C, et al. Carbon dot powders for photocatalytic reduction of quinones [J]. Materials Letters, 2018, 218: 221-224.

[5] HU S, WEI Z, CHANG Q, et al. A facile and green method towards coal-based fluorescent carbon dots with photocatalytic activity [J]. Applied Surface Science, 2016, 378: 402-407.

基 CDs 对甲基橙（MO）和亚甲基蓝（MB）的降解率分别为 0.135 min^{-1} 和 0.115 min^{-1}，显著快于商用 P25（MO 和 MB 的降解率分别为 0.012 min^{-1} 和 0.045 min^{-1}）。哈丽丹·买买提（Maimaiti）等人[①]采用胺化煤基CDs（NH_2–CDs）作为光催化剂，将 CO_2 还原为烃类，计算得到 CO_2 转化为 CH_3OH 的选择性为 76.6%。

适当调节 CDs 的组装可以提高光热转换效率，对利用太阳能驱动的水蒸发在海水淡化中的应用具有重要意义。在胡胜亮课题组的工作中，利用煤沥青基 CDs 组件作为光热层，预处理的轻木作为热障层，形成了双层结构[②]；之后，双层结构可以很容易地产生内部热点，增强微通道的蒸发和蒸汽释放。在 1 $kW·m^{-2}$ 太阳照度下，CDs@Wood 的蒸发速率为 2.27 $kg·m^{-2}·h^{-1}$，分别是纯水和木材的 4.4 倍和 3.0 倍。此外，CDs@Wood 在 1 次阳光照射下的能源效率为 92.5%，远高于纳米管或石墨烯改性木材。同时，胡胜亮课题组还通过表面化学反应选择性失活法研究了氧化官能团（羟基、羰基、羧酸基团）对 CDs 表面的影响，为氧化官能团对光热蒸发的影响提供了依据。

此外，由于 CDs 具有较大的比表面积、良好的电导率、丰富的活性位点和官能团，是制备先进储能材料的前驱体，同时也可用于电催化反应。贾殿赠课题组选择 $Mg(OH)_2$ 作为模板辅助煤基 CDs 组装成有层次的多孔碳纳米片（HPCNs）[③]，其具有较大的比表面积和足够的离子迁移通

---

① MAIMAITI H, AWATI A, ZHANG D, et al. Synthesis and photocatalytic CO2 reduction performance of aminated coal–based carbon nanoparticles [J]. RSC Advances, 2018, 8（63）: 35989–35997.

② HOU Q, XUE C, LI N, et al. Self-assembly carbon dots for powerful solar water evaporation [J]. Carbon, 2019, 149: 556–563.

③ ZHANG S, ZHU J, QING Y, et al. Construction of hierarchical porous carbon nanosheets from template–assisted assembly of coal–based graphene quantum dots for high performance supercapacitor electrodes [J]. Materials Today Energy, 2017, 6: 36–45.

道，在 $1\ A·g^{-1}$ 时的比电容为 $200\ F·g^{-1}$，在 $100\ A·g^{-1}$ 时的保持容量为 $112\ F·g^{-1}$。邱介山课题组[①]采用煤基 N-CDs 与氧化石墨烯结合形成 N-CDs/G 杂化结构。由于石墨烯上的含氧官能团和缺陷，N-CDs 被均匀地固定在石墨烯表面，没有大规模团聚。在 $0.1\ mol·L^{-1}$ KOH 饱和氩气或氧气溶液中，N-CDs/G 对 ORR（氧还原反应）表现出良好的电催化活性，类似于商用的 Pt/C 催化剂。

1.2.3　CDs 在光催化中的作用

在对 CDs 的化学传感研究中发现，CDs 与一些物质结合后，可利用荧光共振能量转移或电子转移机制实现荧光猝灭，这种现象证实了 CDs 在光激发时可以作为电子供体或受体。同时，CDs 可以通过改变前驱体或掺杂等手段调节元素组成与表面官能团，为高选择性催化剂提供活性中心。此外，CDs 可通过氢键等化学键与其他材料连接形成异质界面，以改善界面电荷分离效率。而光催化需要的条件就是较宽的太阳光谱利用率、快速的载流子迁移和高效的表面氧化还原反应。因此，CDs 在光学和结构上的性质都说明 CDs 具备光催化反应的必要条件[②]，所以近年来对它在光催化方面的研究很多。

CDs 可以通过直接吸收获得光子能量。被吸收的光子通过在 HOMO 中留下一个空穴来激发电子，使其从最高的被占分子轨道（HOMO）到最低的未被占分子轨道（LUMO）。生成的电子和空穴会导致反应底物发生化学转化。由于 sp^2 碳的 π-π* 跃迁，CDs 在紫外-可见范围内具

---

① HU C, YU C, LI M, et al. Nitrogen-doped carbon dots decorated on graphene: a novel all-carbon hybrid electrocatalyst for enhanced oxygen reduction reaction [J]. Chemical Communications 2015, 51 (16): 3419-3422.

② YU H, SHI R, ZHAO Y, et al. Smart utilization of carbon dots in semiconductor photocatalysis [J]. Advanced Materials, 2016, 28 (43): 9454-9477.

有很强的光吸收能力。碳核中的碳碳双键（C=C）外层包含各种官能团（—COOH、—OH、—NH$_2$等），这些官能团也对激发光源产生响应，并且由于 π-π* 跃迁，它们的吸收通常发生在可见光范围内[1]。

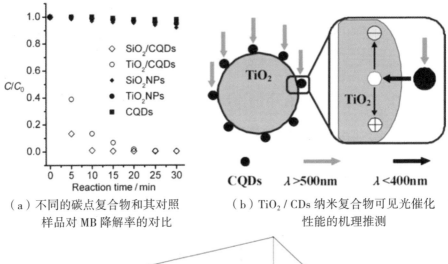

（a）不同的碳点复合物和其对照样品对 MB 降解率的对比

（b）TiO$_2$/CDs 纳米复合物可见光催化性能的机理推测

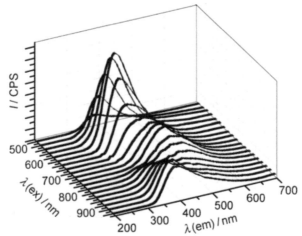

（c）激发－发射图探测到 CDs 的上转换发光特性

图 1-9　碳点的光催化剂性质[2]

---

[1] WANG B, LU S. The light of carbon dots: From mechanism to applications [J]. Matter, 2022, 5 (1): 110-149.

[2] LI H, HE X, KANG Z, et al. Water-soluble fluorescent carbon quantum dots and photocatalyst design [J]. Angewandte Chemie International Edition, 2010, 122: 4532-4536.

CDs 的光催化性质是由康振辉课题组在 2010 年首次发现的[①]，他们利用所制备 CDs 的上转换荧光性质设计了 TiO_2 / CQDs 和 SiO_2 / CQDs 复合催化剂，提高了该催化剂对全太阳光谱的利用率（图 1-9）。该复合催化剂在可见光下，25 min 内可以将浓度为 50 mg·L^{-1} 的甲基蓝（MB）降解完全。而纯的 TiO_2 和 SiO_2 对亚甲基蓝仅有少量的降解效果（TiO_2 < 5%，SiO_2 < 10%）。本书提出两种可能的光催化机理：一种是由于 CDs 的上转换荧光性质，将入射的可见光光子转化为紫外光，然后激发 TiO_2 和 SiO_2 产生光生载流子，进而产生的活性氧自由基（ROS）参与了降解 MB 的反应；另一种解释是 CDs 有利于 TiO_2 表面载流子的转移，因此抑制了电子与空穴的复合，从而为催化反应提供了更多的有效载流子。

2012 年沈建华等人首次对 CDs 的光电流性能进行了探究，尽管检测到的光电流只有 10 nA·cm^{-2}，但是揭示了 CDs 在太阳能光电转化中的潜力[②]。沈明荣课题组使用电沉积方法在 $SrTiO_3$ 表面负载 CDs，得到的杂化膜与纯的 $SrTiO_3$ 相比，表现出了更高的光电流，表明了 $SrTiO_3$ 与 CDs 之间发生了有效的电子转移[③]。光电流现象为 CDs 自发产生光生载流子提供了依据。

光转换效率在光催化中是一个重要参数，它是指产出的载流子数目与输入的光子量之间的比例。CDs 在光激发下可以产生光电子和空穴，但几纳秒的荧光寿命表明它们有重新结合的倾向。只有当载流子对分离时，它们才能转移到表面生成自由基或参与化学反应。单用 CDs 可以利用其固有

[①] LI H, HE X, KANG Z, et al. Water-soluble fluorescent carbon quantum dots and photocatalyst design [J]. Angewandte Chemie International Edition, 2010, 122: 4532-4536.

[②] SHEN J, ZHU Y, YANG X, et al. One-pot hydrothermal synthesis of graphenequantum dots surface-passivated by polyethylene glycol and their photoelectric conversion under near-infrared light [J]. New Journal of Chemistry, 2012, 36 (1): 97-101.

[③] WANG F, LIU Y, MA Z, et al. Enhanced photoelectrochemical response in $SrTiO_3$ films decorated with carbon quantum dots [J]. New Journal of Chemistry, 2013, 37 (2): 290-294.

的表面缺陷抑制光电子和空穴的复合，延长与反应物的接触时间，从而促进光催化过程，但这种方式具有一定局限性。因此，需要采取其他措施来提高 CDs 的光转换效率。

一般来说，有两种调控 CDs 光转换效率的方式。一种是通过调整 CDs 本身的性质，如表面态、杂原子掺杂等。元素掺杂是一种常用方法，应用较多的是 N、P、S、Cl 与 B 等非金属，它们可以改变 CDs 的表面态与官能团数目或种类。其中，N 掺杂是一种常用的掺杂手段，马德琨课题组指出，N 掺杂降低了 CDs 的功函数，与无 N 掺杂的 CDs-TiO_2 相比，提高了 N-CDs-TiO_2 的光催化活性[1]。另外，其他元素乃至两种元素的共掺杂也会有较好的催化效果。胡胜亮课题组将乙二醇 CDs 通过氯化亚砜（$SOCl_2$）对其表面官能团进行调控得到了氯掺杂的 Cl-CDs，并探究了其对亚甲基蓝（MB）的光催化活性，发现 Cl 的引入有利于载流子的分离和迁移，从而能提高 CDs 的光催化效果[2]。陈苏课题组报道了硫掺杂的 CDs（S-CDs）作为催化剂在光诱导下发生苄基烃和亲核试剂的交叉脱氢偶联反应，得到了所需的偶联产物，在波长 425 nm、功率 34 W 的蓝光照射下，12 h 内，其反应产率为 96%。此外，也可利用无机分子、有机分子、聚合物等对 CDs 进行表面功能化[3]。

另一种则是与其他物质结合，当与合适的半导体材料形成连接时，分离的载流子可以转移到别处，从而促进复合催化剂的性能提升。这也是目

---

[1] ZHANG Y Q, MA D K, ZHANG Y G, et al. N-doped carbon quantum dots for TiO_2-based photocatalysts and dye-sensitized solar cells [J]. Nano Energy, 2013, 2（5）: 545–552.

[2] HU S, TIAN R, DONG Y, et al. Modulation and effects of surface groups on photoluminescence and photocatalytic activity of carbon dots [J]. Nanoscale, 2013, 5（23）: 11665–11671.

[3] DU X Y, WANG C F, WU G, et al. The rapid and large-scale production of carbon quantum dots and their integration with polymers [J]. Angewandte Chemie International Edition, 2020, 133（16）: 8668–8678.

前 CDs 在光催化领域的重要研究方向。一般来说，半导体的能带结构对于其光转化能力具有直接的影响，但是由于 CDs 本身结构的复杂性，对其带隙进行直接调控比较困难，而通过与其他半导体材料结合构筑异质结构，可以实现这一目的。因此，研究人员相继开发出了 TiO_2/CDs、CDs-C_3N_4、Ag_3PO_4/CDs、WO_3/CDs、BiOCOOH/CDs 等复合光催化剂[1]，甚至还有三元复合物如 CDs/Ag/$Ag_3PW_{12}O_{40}$，C-dots/$Sn_2Ta_2O_7$/SnO_2 等[2]。康振辉课题组在该领域做了丰富的工作，在其中一项发表于 *Science* 的研究中，他们发现 CDs-C_3N_4 复合物具有光催化水分解同时产氢与产氧的性质[3]，且可在 200 天的循环后仍然保持高转化率，其利用太阳能将水分解为氢气的能量转换效率为 2%（图 1-10）。该过程的机理可解释为两步电子转移过程：第一步电子转移过程为氮化碳光催化产生 H_2 与 H_2O_2，第二步电子转移过程为 CDs 分解 H_2O_2 产生 H_2O 和 O_2。胡胜亮课题组报道了 CDs@Ag_3PO_4 的异质结构，不仅促进了可见光吸收、光生电荷分离和转移，而且由于带边位置的巨大变化，使 Ag_3PO_4 的光催化活性由光氧化转变为光还原。此外，与纯 Ag_3PO_4 相比，CDs@Ag_3PO_4 的异质结构表现出独特的温度响应光催化活性和更高的光催化稳定性[4]。

---

[1] CHEN P, WANG F, CHEN Z F, et al. Study on the photocatalytic mechanism and detoxicity of gemfibrozil by a sunlight-driven TiO_2/carbon dots photocatalyst: The significant roles of reactive oxygen species [J]. Applied Catalysis B: Environmental, 2017, 204: 250-259.

[2] LE S, YANG W, CHEN G, et al. Extensive solar light harvesting by integrating UPCL C-dots with $Sn_2Ta_2O_7$/SnO_2: Highly efficient photocatalytic degradation toward amoxicillin [J]. Environmental Pollution, 2020, 263: 114550.

[3] LIU J, LIU Y, LIU N, et al. Metal-free efficient photocatalyst for stable visible water splitting via a two-electron pathway [J]. Science, 2015: 970-974.

[4] HU S, YANG W, LI N, et al. Carbon-dot-based heterojunction for engineering band-edge position and photocatalytic performance [J]. Small, 2018, 14 (44): 1803447.

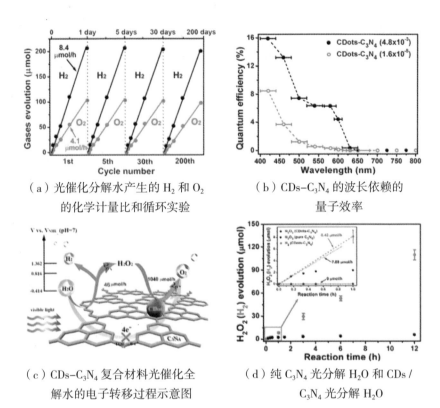

(a) 光催化分解水产生的 H_2 和 O_2 的化学计量比和循环实验

(b) CDs-C_3N_4 的波长依赖的量子效率

(c) CDs-C_3N_4 复合材料光催化全解水的电子转移过程示意图

(d) 纯 C_3N_4 光分解 H_2O 和 CDs/C_3N_4 光分解 H_2O

图 1-10 无金属 CDs-C_3N_4 全解水

近年来,对 CDs 光催化的研究迅猛发展,越来越多的复合催化剂被制备出来,并且光催化的应用范围也从单一的降解染料扩大到多个方面。目前,复合催化剂在纳米酶、有机物降解、化学合成、光动力治疗、光催化产氢高效太阳能制氢甚至全解水、催化 CO_2 还原、甲醇氧化、烃类和醇类的选择性氧化等方面都显示出了良好的应用前景。

1.3 金属氧化物的概况及其在光催化中的应用

金属是地球赐予人类的宝贵资源,元素周期表中的金属元素占据了 80% 以上的比例。同时,金属氧化物也是地壳中含量最丰富的材料之一。

金属元素的性质各不相同，赋予了金属、合金及其化合物（氧化物、氢氧化物、硫化物、氮化物、金属盐类、金属有机框架结构等）不同的性能，并且由于过渡金属与Ⅲ→Ⅵ主族金属的电子排布特点，还会出现不同的价态，因此金属氧化物种类繁多。除此之外，因金属氧化物纳米结构在传感、医药和可再生能源领域的贡献，学术界和工业界一直以来都对其给予了大量关注。迄今为止，金属氧化物的研究仍然处于科学研究的前沿。在光催化方面，TiO_2、ZnO、WO_3和CuO等金属氧化物及其复合材料因其高稳定性、低成本与合适的带隙范围等特点，被应用于如光解水制H_2与H_2O_2、CO_2还原、N_2固定和污染物降解等多方面。

1.3.1　金属氧化物的制备方法

按照导电性质的不同，金属氧化物可以分为绝缘体与半导体，其中，带隙为$2 \sim 4$ eV的金属氧化物被归类为半导体，它们是电子工业和光催化中的一类重要化合物。随着对这些材料的需求急剧增加，尤其是在光催化领域，纳米金属氧化物颗粒的制备成为当前研究的重点。由于大的比表面积通常对应较高的表面能，具有反应性和不稳定性，因此难以稳定胶体纳米颗粒，容易出现团聚或颗粒长大等问题，与大块材料的合成相比，纳米金属氧化物颗粒的制备就需要一系列的方法和更可靠的控制。

合成金属氧化物纳米颗粒最常用的方法是湿化学法，包括共沉淀法、水热法、溶胶-凝胶法、胶溶法、热解法、溶剂热法、微波合成法等。共沉淀法使用金属盐作为前驱体，与溶剂进行混合，在特定条件下析出沉淀物。通常，氯化物、硝酸盐、醋酸盐、草酸盐、硫酸盐等均可用作金属源，与作为沉淀剂的碱性溶液（如NH_4HCO_3、$NaOH$、NH_4OH）混合。为了优化形貌，可使用表面活性剂或超重力反应沉淀。沉淀法通常用于合成异质结金属氧化物，如$CeO_2/CuAlO_2$、Co_3O_4/ZnO、Eu_2O_3/ZnO等。水热法合成金属氧化物纳米颗粒是常见的方法。水热法是利用较高的温度

（200～250 ℃）和较高的压力，在不锈钢高压釜内的聚四氟乙烯内衬高压釜中进行的，合成过程可视为金属离子和羟基离子之间通过静电反应生成金属氧化物。这种简便的方法可以很好地控制产物的均匀性、大小、成分、物相和形貌。另一种常用的金属氧化物纳米颗粒合成技术是溶胶-凝胶方法。该方法从前体的均匀溶液开始，将溶液冷凝成凝胶，干燥后即形成纳米颗粒。该方法特别适用于制备对尺寸和形状有较高要求的多组分纳米颗粒，并且充分的干燥和煅烧可以得到超细多孔和较高纯度的产物。微波合成法以较低的能量快速加热以合成小颗粒，甚至在本体反应混合物中实现高温扩散，从而形成均匀的成核和结晶纳米粒子，由于分子偶极极化和传导的综合效应，这种方法不会出现不受控制的非均匀温度梯度。微乳液合成法使用表面活性剂稳定微乳液，微乳液的典型液滴尺寸为 10～100 nm，可以作为合成纳米粒子的反应位点。由于微乳液的稳定性受温度和 pH 的影响，研究人员还开发了反向微乳液和刺激响应微乳液等方法。在制备金属氧化物与其复合材料时，以上提到的湿化学方法还可以进行组合，如超声辅助溶胶-凝胶、微波辅助水热、微波辅助沉淀、超声沉淀等。

1.3.2　金属氧化物的种类及光催化性能研究

金属氧化物的电子结构、光吸收能力、电荷传输能力与其较长的使用寿命等性质，都使金属氧化物成为具有吸引力的光催化剂候选者。在光催化中，应用最早与最多的当属 TiO_2 与 ZnO。TiO_2 在工业与生活中的使用面都很广，是一种性能优异的白色颜料，其不仅价格便宜，而且无毒、生物相容性好、化学稳定性高，在光催化领域也得到了广泛的应用。1972 年，藤岛（Fujishima）和本田（Honda）开创了多相光催化这一领域，他们使用的光电极材料便是 TiO_2，将其用于分解水以生产氧气和氢气[①]。ZnO 的

---

① FUJISHIMA A, HONDA K. Electrochemical photolysis of water at a semiconductor electrode [J]. Nature, 1972, 238（5358）：37-38.

带隙为 3.2～3.4 eV，帕德希（S.K.Pardeshi）等人报道 ZnO 在模拟可见光照射下，对苯酚溶液的降解率可达到 47%，而在黑暗下则几乎没有效果。在太阳光下甚至可将稀的苯酚溶液完全降解矿化[①]。当暴露在紫外光下时，它在水溶液中发生光腐蚀，这是由于其价带中光生空穴与 ZnO 表面氧之间的反应，导致其溶解。WO_3 是一种 n 型可见光响应半导体，带隙为 2.4～2.8 eV，导带位于 2.6～3.0 eV，为空穴氧化反应提供了更强的驱动力。有趣的是，WO_3 所有的多晶型（单斜、三斜、正交、四方、立方和六边形）都表现出显著的光催化性能，其中单斜结构优于其他多晶型。然而，由于窄禁带和相对正的价带，WO_3（+0.4 eV vs. NHE）的 CB 不足以将 O_2 还原为 $·O_2^-$（-0.13 eV vs. NHE）。Fe_2O_3 和 Fe_3O_4 由于其生物相容性、无毒性和抗菌能力而受到欢迎。此外，在 Fe^{2+} 存在下，通过芬顿（Fenton）反应，H_2O_2 可产生具有强氧化性的羟基自由基，并可以与抗菌过程耦合，在氧化有机污染时，同时破坏生物小分子并杀死微生物，但是因为 Fe^{2+} 在水中的溶度积较小，其应用的 pH 范围有限。

过氧化物中的过氧基团可以提供潜在的活性物质 H_2O_2 与 O_2。H_2O_2 是催化过程中活性物质的载体，可以在合适的电位条件下转化为活性氧自由基，从而参与反应，或者在芬顿（Fenton）或类芬顿体系中与金属离子反复作用，形成活性羟基，催化反应进行。O_2 同样在催化反应中发挥重要作用，可以与超氧自由基形成反应对，参与催化过程。正是由于以上原因，过氧化物相较于普通金属氧化物，在催化中具有特殊优势。近年来，研究人员研究的金属过氧化物主要包括过氧化铜（CuO_2）、过氧化钙（CaO_2）、过氧化镁（MgO_2）和过氧化钛（TiO_x）纳米体系等，它们在污水净化、有机物氧化降解等方面应用较多，同时由于良好的生物相容性，金属过氧化

---

① PARDESHI S K, PATIL A B. A simple route for photocatalytic degradation of phenol in aqueous zinc oxide suspension using solar energy [J]. Solar Energy, 2008, 82 (8): 700–705.

物也常被用于癌症治疗中。

除此之外,一系列的三元氧化物也被用于光催化,可以将它们统一命名为 $A_xB_yO_z$,它们中的金属元素一般具有 s^2、d^0 或 d^{10} 的电子结构。通常通过评估它们降解偶氮染料的能力来判断它们的光催化活性。在可见光下,较活跃的光催化剂包括钒酸盐($BiVO_4$、Ag_3VO_4、$InVO_4$)、钨酸盐(Bi_2WO_6)和铋酸盐($CaBi_2O_4$)等。其中,分子通式为 ABO_3(如 $SrTiO_3$、$BiFeO_3$、$KNbO_3$ 等)的一类陶瓷氧化物是近些年研究很热的氧化物钙钛矿材料,其具有高的光电转换效率、良好的电荷扩散长度,以及对带隙和带边进行精确调谐的灵活性。

从以上分析可以看出,金属氧化物多为宽带隙半导体,相应吸收仅限于紫外线区域(到达地球表面的太阳光谱的5%),因此引起了较低的光吸收,加之光诱导电子和空穴以更快的速度重组,阻碍了光催化效率的提高,也推动了人们对可见光到近红外波段具有光学响应的宽禁带金属氧化物材料的研究。实现这一研究目标的一种方法是将带隙调低到可见区域,可以通过在金属氧化物中掺杂选定的元素实现;另一种方法是将其与可见光吸收材料(如有机染料或等离子体贵金属纳米粒子)耦合,或者与半导体、其他金属化合物等材料复合,从而形成异质结,以增强其光催化活性[1]。

与掺杂相比,构筑异质结构可以结合不同半导体的优点来满足光催化反应的要求,这不仅可以扩大光吸收范围,还可以通过选择具有合适带隙的配合物来促进光载流子的分离。下面主要从金属氧化物–半导体异质结构与金属氧化物–纳米碳材料结构来介绍。

$g-C_3N_4$ 是一种具有较大吸引力的无金属半导体,王心晨课题组首次报

---

[1] MEDHI R, MARQUEZ M D, LEE T R. Visible-light-active doped metal oxide nanoparticles: Review of their synthesis, properties, and applications [J]. ACS Applied Nano Materials, 2020, 3(7): 6156-6185.

道了 g-C_3N_4 在可见光照射下可以将水分解为氢气，在金属氧化物的改性中也经常被使用。一般来说，金属氧化物 / g-C_3N_4 异质结构的性能和操作性能在很大程度上取决于两组分的形貌、介观结构、接触面积和界面性质。余家国课题组使用静电自组装法制备了直接 Z 型异质结构的 Fe_2O_3 / g-C_3N_4 复合物[①]，Fe_2O_3 和 g-C_3N_4 之间的紧密界面有利于载流子的转移和分离，其中，10 % Fe_2O_3 添加量的复合物具有最优的产氢效果（398.0 mmol·h^{-1}·g^{-1}），是 g-C_3N_4 的 13 倍（30.1 mmol·h^{-1}·g^{-1}）。叶建锋课题组在 g-C_3N_4 纳米片上原位生长 TiO_{2-x} 介晶[②]，制备了具有增强光催化性能的 3D / 2D Z 型异质结构。由于合适的能带排列和增强的界面相互作用，TiO_{2-x} 微晶的 CB 中产生的光电子将与 g-C_3N_4 的 VB 中产生的光空穴重新结合，在 TiO_2 中留下更多氧化性光空穴，而在 g-C_3N_4 中留下更多还原性光电子。

利用纳米碳材料与金属氧化物形成异质结也得到了广泛的研究，目的是提高导电性并促进界面上的电子转移。一维的碳纳米管（CNTs）具有狭长的管状结构，为快速的电子传输提供通道，这对于促进光催化反应非常有效。帕克（Park）等人采用简单的一锅法制备了 TiO_2 / CNT 复合物，并研究了退火温度（200～600 ℃）对 TiO_2 结晶度、形貌、化学键合状态和光催化性能的影响，发现在 400 ℃ 时得到的复合物光催化效果最好，这主要是因为 Ti—O—C 键的形成与结晶度的增加，使得光载流子的分离效率提高。石墨烯及还原石墨氧化物由一层 sp^2 碳原子组成，以蜂窝形状排列，具有高化学稳定性和大表面积，具有与无机材料的共轭性，其中，石墨烯 / TiO_2、石墨烯 / ZnO、石墨烯 / WO_3 等都得到广泛报道。乔沃等人通过溶胶-

---

① XU Q, ZHU B, JIANG C, et al. Constructing 2D / 2D Fe_2O_3 / g-C_3N_4 direct Z-Scheme photocatalysts with enhanced H_2 generation performance [J]. Solar RRL, 2018, 2（3）: 1800006.

② TAN B, YE X, LI Y, et al. Defective anatase TiO_{2-x} mesocrystal growth in situ on g-C_3N_4 nanosheets: Construction of 3D / 2D Z-scheme heterostructures for highly efficient visible-light photocatalysis [J]. Chemistry-A European Journal, 2018, 24（50）: 13311-13321.

凝胶法和水热法合成了 Co_3O_4 / TiO_2 和 2 %（质量分数）胺功能化的 Co_3O_4 / TiO_2 / GO 纳米复合材料[①]（图 1-11）。Co_3O_4 纳米颗粒与锐钛矿型二氧化钛之间的异质结促进了土霉素（OTC）和刚果红（CR）的光催化氧化降解，而微量氧化石墨烯的加入进一步增强了这种效应。德尔马斯（Durmus）等人采用两步溶胶-凝胶沉积法合成氧化锌（ZnO）[②]，并用其氧化石墨烯纳米片进行修饰，制备了氧化石墨烯／氧化锌（GO / ZnO）纳米复合材料，并作为降解碱性紫红色（BF）染料的有效光催化剂。张荻课题组使用声化学方法合成石墨烯-WO_3 光催化剂[③]，该方法从水中生产 O_2 的效率是 WO_3 的两倍。此外，石墨烯-WO_3 复合材料还成功地用于亚甲基蓝染料、甲基橙、1-萘酚和噬菌体失活等各种污染物的光降解。

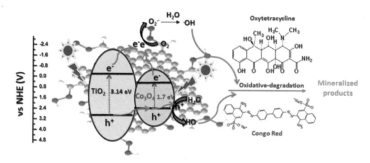

图 1-11　Co_3O_4 / TiO_2 / GO 纳米复合材料光催化降解有机污染物的机理[①]

除了碳纳米管和氧化石墨烯外，CDs 凭借其对可见光的宽频吸收、良好

---

① JO W K, KUMAR S, ISAACS M A, et al. Cobalt promoted TiO_2/GO for the photocatalytic degradation of oxytetracycline and Congo Red [J]. Applied Catalysis B: Environmental, 2017, 201: 159-168.

② DURMUS Z, KURT B Z, DURMUS A. Synthesis and characterization of graphene oxide / zinc oxide (GO / ZnO) nanocomposite and Its utilization for photocatalytic degradation of basic fuchsin dye [J]. ChemistrySelect, 2019, 4 (1): 271-278.

③ GUO J, LI Y, ZHU S, et al. Synthesis of WO3@Graphene composite for enhanced photocatalytic oxygen evolution from water [J]. RSC Advances, 2012, 2 (4): 1356-1363.

的光生载流子产生与分离效率，以及与金属氧化物的结构兼容性等特点，在金属氧化物的异质改性方面也得到了广泛研究。在下面的章节中，笔者将对CDs与金属氧化物复合材料的种类及光催化活性的研究进行总结与分析。

1.4 CDs复合金属氧化物光催化剂的研究进展

CDs因其高稳定性和良好的导电性成为光电催化材料的有力竞争者，CDs作为性质丰富的光电功能单元，在复合催化体系中发挥了多种作用。而金属氧化物的化学稳定性和宽的带隙等特点决定了它的可塑性，将其与适合的半导体材料进行结合，将赋予其更高的光催化效果。CDs与金属氧化物的结合可能会导致电子结构、纳米形貌结构和化学成分的显著改变，这是因为复合物中的多种组分之间会发生轨道重叠和推/拉电子效应，加之金属有更复杂的电子结构和未占据的轨道，在结合后，它们的电子密度分布和能量差距会发生剧烈变化，从而有利于对二者物理和化学性能进行调整。

近年来，将二者进行结合的研究很多，一般来说，在CDs与金属氧化物组成的复合物中，CDs的作用主要包括改善光吸收、电子存储、促进电荷分离、增强吸附、表面共催化作用、调节界面电子传输，以及电荷分离和集聚的媒介等。同时，其复合物涉及的催化反应也不断在拓展，目前涵盖了光催化降解有机物、纳米酶、光动力学治疗、析氢反应、二氧化碳还原、烃类和醇类选择性氧化反应等。

1.4.1 CDs复合金属氧化物的合成与结构

CDs表面具有丰富的官能团，因此很多金属离子可以在表面附着并形成紧密的结合，如Fe^{3+}、Ni^{2+}、Cu^{2+}、Ru^{3+}和Co^{2+}等，这种作用有利于后续化学反应中金属氧化物与CDs的结合。通过水热、溶剂热、超声辅助、微波辅助等方式，可以制备得到 CDs / 金属氧化物的复合物。在近年来的研究中，对制备得到的复合物进行分析可观察到新颖的界面结构。此外，对 CDs 在合成中的辅助作用也有新发现。

半导体异质结构可以通过提高光吸收效率、增强电荷分离、增加反应动力学和界面电子结构修饰来改善不同光催化剂的光催化性能，其中应用最广泛的当属Ⅱ型和Z型异质结构。Ⅱ型异质结能有效抑制电子空穴对的复合，显著提高光催化活性。阿劳霍（Araújo）等人采用氧化铁共沉淀法在 CDs 水溶液中制备了 Fe_2O_3 / CDs 异质结构[1]。CDs 表面的亲水官能团在共沉淀过程中与 Fe_2O_3 纳米颗粒相互作用，抑制了聚集，从而形成了较小的纳米结构和较大的比表面积。Ⅱ型异质结的建立引起的光吸收增强和复合率下降协同作用，使靛蓝胭脂红染料在可见光下的光降解得到了显著的改善。巴曼（Barman）等人利用 CDs 和氧化锌纳米颗粒（ZnO NP）设计了Ⅱ型异质结构[2]。有趣的是，在这个异质结构中，ZnO 的导带和价带位置低于 CDs 的 LUMO 和 HOMO 位置，稳态和时间分辨光谱研究表明，光致电子从 CDs 的 LUMO 转移发生到 ZnO 的导带，同时光致空穴从 ZnO 的价带转移到 CDs 的 HOMO。通过计算得出电子转移速率为 $3.7 \times 10^9 \, s^{-1}$，空穴转移率为 $3.6 \times 10^7 \, s^{-1}$，并使用这种复合物构建了一种用于太阳光收集的复合装置。

Z 型异质体系作为提高单组分催化剂光催化降解活性的有效途径，近年来受到了广泛关注。在 Z 型异质结中，e^- 处于较负的导带，而 h^+ 处于

---

[1] ARAúJO T C, OLIVEIRA H D S, TELES J J S, et al. Hybrid heterostructures based on hematite and highly hydrophilic carbon dots with photocatalytic activity [J]. Applied Catalysis B: Environmental, 2016, 182: 204–212.

[2] BARMAN M K, MITRA P, BERA R, et al. An efficient charge separation and photocurrent generation in the carbon dot–zinc oxide nanoparticle composite [J]. Nanoscale, 2017, 9（20）: 6791–6799.

较正的价带，使得半导体保持了较强的还原能力和氧化能力。此外，孤立的光生载流子能有效降低电荷载流子的复合效率。CDs 作为一种优良的电子导体，可以降低两个半导体之间的电阻，取代常用的贵金属被用于 Z 型异质结导体。袁兴中（Yuan）等人设计了 $BiVO_4$ / N-CQDs / Cu_2O 复合材料[①]，在可见光下，60 min 内盐酸四环素的去除率接近 100%。由于 $BiVO_4$ 的 CB 接近于 Cu_2O 的 VB，在中间有 CDs 以帮助电子转移。这样，复合材料将具有更高的氧化电位和还原电位，使氧化还原能力更强。

CDs 除了作为前驱体之外，在合成过程中还发挥着辅助作用，如结构导向剂、诱导成核剂、还原剂、稳定剂等。这得益于 CDs 丰富的边缘位点、π-π 共轭核心结构和表面官能团。胡胜亮课题组利用 CDs 作为"结构导向剂"，构建了具有三维（3D）交联骨架的 Bi_2Se_3 / CDs 复合材料。一方面，这种独特的三维框架结构能提供足够的内部空间以缓冲剧烈的体积膨胀，并为快速的离子/电荷传输提供通道；另一方面，界面处形成的 Bi—O—C 键能调控界面电子结构，加速锂离子迁移并有效提高其电子电导率。同时，CDs 的小尺寸可以吸附金属前体或金属离子，从而避免了严重聚集，调节了催化剂的局部电子结构和活性。卢思宇课题组利用零维 CDs 组装合成二维纳米片，然后将 Ru 单原子掺杂的 CoP 纳米粒子限域在纳米片结构上，并被成功用于 HER。此外，还建立了一种以 CDs 为构筑单元制备碳化聚合物点与纳米晶杂化材料的普适方法，为开发具有多组分与高活性位点密度的催化剂提供了策略。胡胜亮课题组发现在水热法制备 CDs / Cu_2O 复合物时，得到的复合物中有单质 Cu 的存在。Cu 纳米粒子具有较强的局域表面等离子体共振（LSPR）效应，使得在光照条件下能有效生成高能电子，

---

① YUAN X, ZHANG J, YAN M, et al. Nitrogen doped carbon quantum dots promoted the construction of Z-scheme system with enhanced molecular oxygen activation ability [J]. Journal of Colloid and Interface Science, 2019, 541: 123-132.

促进了 TMB 与 OPD 的光催化氧化，且表现出较高的反应速率和良好的类氧化酶活性。同时，CDs 的存在可以促进多化合价的金属氧化物的生成。制备得到的 CDs@Cu$_4$O$_3$ 复合物由于 CDs 在反应中辅助作用，使得生成的 Cu$_4$O$_3$ 可以稳定存在，其中，Cu$_4$O$_3$ 中的铜有两种价态 Cu^{2+}/Cu$^+$，但是它并不是 Cu$_2$O 与 CuO 的混合物。与天然酶类似，CDs 表面的多价 Cu 离子（Cu$^+$/Cu^{2+}）与氨基配合共同作为类酶反应的活性位点，通过一系列的 ROS 转化过程，实现了对有机染料与催化底物的氧化。

1.4.2　CDs 金属氧化物在光催化中的应用

有机物降解是 CDs／金属氧化物应用中研究最广泛的领域。表 1-2 总结了多种 CDs 与金属氧化物复合材料在光催化降解有机物中的性能，包括降解底物、降解速率、参与的活性物质及 CDs 在其中发挥的作用等方面。综合来看，CDs 与金属氧化物复合材料具有对多种有机污染物的降解效果，CDs 的加入提高了单纯金属氧化物的催化活性，与金属氧化物起到了协同作用。

表 1-2　多种 CDs 与金属氧化物复合材料在光催化降解有机物中的性能

光催化剂	CDs 的作用	降解底物	降解率（时间）	活性物
CDs／g-C$_3$N$_4$／MoO$_3$[①]	上转换 有效载流子分离	四环素（TC）	88.4%（90 min）	h$^+$，·O$_2^-$
TiO$_2$／CDs[②]	上转换	左氧氟沙星	100%（90 min）	·OH，e$^-$，h$^+$

---

① XIE Z, FENG Y, WANG F, et al. Construction of carbon dots modified MoO$_3$/g-C$_3$N$_4$ Z-scheme photocatalyst with enhanced visible-light photocatalytic activity for the degradation of tetracycline [J]. Applied Catalysis B: Environmental, 2018, 229: 96-104.

② SHARMA S, UMAR A, MEHTA S K, et al. Solar light driven photocatalytic degradation of levofloxacin using TiO$_2$/carbon-dot nanocomposites [J]. New Journal of Chemistry, 2018, 42（9）: 7445-7456.

续表

光催化剂	CDs 的作用	降解底物	降解率（时间）	活性物
TiO_2 / CDs①	上转换	二甲苯氧庚酸	80%（8 min）	·OH，·O_2^-
CDs / $Bi_2O_6$②	电荷载体	环丙沙星（CIP）	87%（120 min）	·O_2^-，h^+
a-Bi_2O_3 / CDs③	电荷载体	左氧氟沙星，靛蓝染料	79%（120 min） 86%（120 min）	·O_2^-，·OH
N-Doped CDs / CuO N-Doped CDs / ZnO④	窄化带隙 电子受体	亚甲基蓝（MB）	70%（30 min）	·OH，·O_2^-
ZnO / N，S-CDs⑤	上转换 电荷载体	环丙沙星（CIP） 头孢氨苄， 孔雀石绿	92.9%（20 min） 92.9%（20 min） 72.8%（180 min）	·O_2^-，·OH，h^+
CDs / $Sn_2Ta_2O_7$ / $SnO_2$⑥	上转换 电荷载体	阿莫西林	88.3%（120 min）	·O_2^-，·OH

---

① CHEN P, WANG F, CHEN Z-F, et al. Study on the photocatalytic mechanism and detoxicity of gemfibrozil by a sunlight-driven TiO_2/carbon dots photocatalyst: The significant roles of reactive oxygen species [J]. Applied Catalysis B: Environmental, 2017, 204: 250-259.

② UMRAO S, SHARMA P, BANSAL A, et al. Multi-layered graphene quantum dots derived photodegradation mechanism of methylene blue [J]. RSC Advances, 2015, 5 (64): 51790-51798.

③ SHARMA S, MEHTA S K, IBHADON A O, et al. Fabrication of novel carbon quantum dots modified bismuth oxide (alpha-Bi_2O_3/C-dots): Material properties and catalytic applications [J]. Journal of Colloid and Interface Science, 2019, 533: 227-237.

④ SODEIFIAN G, BEHNOOD R. Hydrothermal synthesis of N-doped GQD/CuO and N-doped GQD/ZnO nanophotocatalysts for MB dye removal under visible light irradiation: Evaluation of a new procedure to produce N-doped GQD/ZnO [J]. Journal of Inorganic and Organometallic Polymers and Materials, 2019, 30 (4): 1266-1280.

⑤ QU Y, XU X, HUANG R, et al. Enhanced photocatalytic degradation of antibiotics in water over functionalized N, S-doped carbon quantum dots embedded ZnO nanoflowers under sunlight irradiation [J]. Chemical Engineering Journal, 2020, 382: 123016.

⑥ LE S, YANG W, CHEN G, et al. Extensive solar light harvesting by integrating UPCL C-dots with $Sn_2Ta_2O_7$/SnO_2: Highly efficient photocatalytic degradation toward amoxicillin [J]. Environmental Pollution, 2020, 263 (Pt A): 114550.

续表

光催化剂	CDs 的作用	降解底物	降解率（时间）	活性物
CD / NiCo$_2$O$_4$[①]	电荷介质	四环素（TC）	78%（60 min）	·O$_2^-$，·OH
CDs / K$_2$Ti$_6$O$_{13}$[②]	电荷载体	阿莫西林	100%（90 min）	·OH，h$^+$
CDs / ZnFe$_2$O$_4$[③]	电子存储与传输	一氧化氮（NO）	38%（30 min）	·O$_2^-$，·OH
CDs / Ag / Ag$_2$O[④]	上转换 电子转移	亚甲基蓝（MB） 罗丹明B（RhB）	95%（60 min） 82%（120 min）	·O$_2^-$，·OH
CDs / TiO$_2$[⑤]	电子转移 窄化带隙	二甲苯氧庚酸（GEM）	89%（8 min）	·O$_2^-$，·OH
CDs / Bi$_{20}$TiO$_{32}$[⑥]	上转换 电子转移	异丙隆	98.1%（60 h）	·O$_2^-$，h$^+$
CDs / Fe$_3$O$_4$[⑦]	上转换 电子转移	亚甲基蓝（MB）	94.4%（30 min）	·O$_2^-$，·OH

① JIANG J, SHI W, GUO F, et al. Preparation of magnetically separable and recyclable carbon dots/NiCo$_2$O$_4$ composites with enhanced photocatalytic activity for the degradation of tetracycline under visible light [J]. Inorganic Chemistry Frontiers, 2018, 5（6）: 1438-1444.

② CHEN Q, CHEN L, QI J, et al. Photocatalytic degradation of amoxicillin by carbon quantum dots modified K$_2$Ti$_6$O$_{13}$ nanotubes: Effect of light wavelength [J]. Chinese Chemical Letters, 2019, 30（6）: 1214-1218.

③ HUANG Y, LIANG Y, RAO Y, et al. Environment-Friendly Carbon Quantum Dots/ZnFe$_2$O$_4$ Photocatalysts: Characterization, Biocompatibility, and Mechanisms for NO Removal [J]. Environmental Science and Technology, 2017, 51（5）: 2924-2933.

④ CHEN J, CHE H, HUANG K, et al. Fabrication of a ternary plasmonic photocatalyst CQDs/Ag/Ag$_2$O to harness charge flow for photocatalytic elimination of pollutants [J]. Applied Catalysis B: Environmental, 2016, 192: 134-144.

⑤ CHEN P, WANG F, CHEN Z-F, et al. Study on the photocatalytic mechanism and detoxicity of gemfibrozil by a sunlight-driven TiO$_2$/carbon dots photocatalyst: The significant roles of reactive oxygen species [J]. Applied Catalysis B: Environmental, 2017, 204: 250-259.

⑥ XIE R, ZHANG L, XU H, et al. Construction of up-converting fluorescent carbon quantum dots/Bi$_{20}$TiO$_{32}$ composites with enhanced photocatalytic properties under visible light [J]. Chemical Engineering Journal, 2017, 310: 79-90.

⑦ WANG H, WEI Z, MATSUI H, et al. Fe$_3$O$_4$/carbon quantum dots hybrid nanoflowers for highly active and recyclable visible-light driven photocatalyst [J]. Journal of Materials Chemistry A, 2014, 2（38）: 15740-15745.

续表

光催化剂	CDs 的作用	降解底物	降解率（时间）	活性物
CDs / $Bi_2WO_6$①	上转换 电子转移	甲基橙（MO） 双酚 A（BPA）	94.1%（180 min） 99.5%（120 min）	·O_2^-，·OH，h^+
$BiVO_4$ / N-CDs / Cu_2O②	Z- 型异质结	四环素（TC）	99.1%（60 min）	·O_2^-，·OH，h^+

  CDs / 金属氧化物也被用于光催化产 H_2 或全解水。2014 年，于涵等人通过水热法合成了 CDs 修饰的 P25 TiO_2 复合材料③，与纯 P25 相比，该复合材料的光催化产氢速率约高 4 倍。此外，复合物还表现出可见光驱动的光催化析氢活性，而 P25 在可见光下没有检测到活性。基于瞬态光电流响应测量、表面光电压光谱和羟基自由基测试，复合材料中的 CDs 在光催化体系中具有双重作用。在紫外照射下，CDs 作为电子储层抑制 P25 中的载流子复合，在可见光照射下，CDs 表现出光敏剂的作用，将光生电子转移到 P25 的导带中，驱动析氢反应。CDs 与 P25 之间的化学键增强了界面电子转移过程，产生了比简单物理吸附的 CQDs / TiO_2 杂化体系更高的反应速率。这项工作强调了 CQDs 在这种混合系统中在不同光程下的不同作用。康振辉课题组报道了一种 CDs / $NiCo_2O_4$ 复合材料，在常压且不含任何牺牲剂的情况下提高了 $NiCo_2O_4$ 的光催化水分解活性④。在 TPV 测试中发现，CDs 可使界面电子提

---

① WANG J, TANG L, ZENG G, et al. 0D/2D interface engineering of carbon quantum dots modified Bi_2WO_6 ultrathin nanosheets with enhanced photoactivity for full spectrum light utilization and mechanism insight［J］. Applied Catalysis B：Environmental，2018，222：115-123.

② YUAN X, ZHANG J, YAN M, et al. Nitrogen doped carbon quantum dots promoted the construction of Z-scheme system with enhanced molecular oxygen activation ability［J］. Journal of Colloid and Interface Science，2019，541：123-132.

③ YU H, ZHAO Y, ZHOU C, et al. Carbon quantum dots / TiO_2 composites for efficient photocatalytic hydrogen evolution［J］. ournal of Materials Chemistry A，2014，2（10）：3259-3678.

④ NIE H, LIU Y, LI Y, et al. In-situ transient photovoltage study on interface electron transfer regulation of carbon dots / $NiCo_2O_4$ photocatalyst for the enhanced overall water splitting activity［J］. Nano Research，2022，15（3）：1786-1795.

取时间加快约 0.09 ms，而最长电子存储时间约为 0.7 ms。

在常压下，最佳比例的 CDs / $NiCo_2O_4$ 复合材料［5% CDs（质量分数）］的产氢速率为 62 $\mu mol \cdot h^{-1} \cdot g^{-1}$，产氧速率为 29 $\mu mol \cdot h^{-1} \cdot g^{-1}$，约为纯 $NiCo_2O_4$ 的 4 倍。

同时，研究人员对 CDs / 金属氧化物在光催化有机物合成与转化、CO_2 还原等方面也进行了应用研究。莫纳什大学麦克法兰等人设计了一种异质结构的光催化剂，通过超声方法将 CDs 包覆在 Cu_2O 纳米球的表面，并将其应用于 CO_2 的光催化转化[1]。该异质结构在太阳光照射下的甲醇产率为 55.7 $\mu mol \cdot h^{-1} \cdot g^{-1}$，这主要是由于 CDs 的光吸收范围扩大和 Cu_2O 纳米球突起结构的光限制效应。此外，异质结构在回收试验中也表现出良好的稳定性。CDs 层的电子储层效应能有效分离 Cu_2O 中的电荷，从而保护 Cu_2O 纳米球不受光腐蚀。胡胜亮课题组开发了一种 CDs 辅助合成的 CDs@CuO 复合物，表征显示有单质 Cu 的存在。以氨硼烷作为还原剂，可见光照射下表现出对对硝基苯乙烯（4-NS）的选择还原特性，可将 4-NS 选择性还原为对氨基苯乙烯（4-AS），并且在 20 min 内的转化率为 100%，4-AS 的生成选择性超过 99%。CDs@CuNPs 的高效率源于它能够同时控制氨硼烷释放的表面氢物质和可见光照射诱导的高能电子，在水溶液中对 4-NS 选择性还原为 4-AS。并且还发现，CDs@CuNPs 中的 CDs 不仅稳定了 CuNPs，而且延长了高能电子的寿命，从而提高了 4-AS 中化学键的选择性激活。康振辉课题组采用自组装生长、煅烧和超声浸渍相结合的方法，合成了 CDs 修饰的 Co_3O_4 / In_2O_3 复合光催化剂，用于高效的太阳能驱动的 CO_2 还原。该催化剂在不使用任何光敏剂的情况下，利用太阳能驱动的 CO 生成速率高达

---

[1] LI H, ZHANG X, MACFARLANE D R. Carbon quantum dots / Cu_2O heterostructures for solar-light-driven conversion of CO_2 to methanol［J］. Advanced Energy Materials, 2015, 5（5）: 1401077.

2.05 mmol·h^{-1}·g^{-1}，比相同条件下的［Ru(bpy)$_3$］Cl$_2$ 催化剂的 CO 生成速率高出近 3.2 倍。在经济成本方面，利用 CDs 作为催化剂的 CO 产率比 Ru 作为催化剂提高了 761 倍。

1.5 本书的研究目的及研究内容

1.5.1 研究目的与意义

光催化是一种经济高效的用于化工生产和污染物去除的策略，它利用易获取的太阳能促进化学反应进行，而且不产生新的废弃物或消耗其他资源，在有机合成、水分解、环境修复、CO$_2$ 还原等方面得到了广泛的应用。光催化的机理主要是催化剂在辐照作用下产生 e$^-$ 和 h$^+$ 载流子，它们直接参与氧化还原反应，或是与水分子或水溶液中的溶解 O$_2$ 等形成 ROS，从而参与化学反应过程，将太阳能转化为化学能。开发具有高的能量转化效率的催化剂是光催化领域的学者们不懈追求的目标。为此，通过提高光吸收范围与效率、设计合理的能带结构和调控载流子分离等策略，开发出了多种光催化剂。金属氧化物廉价易得，且因其具有多种特性应用广泛，但是总体来看，金属氧化物中的半导体材料一般都表现出带隙过宽的特点，不利于可见光的吸收。作为在光催化领域中崭露头角的 CDs，因其宽的可见光谱吸收效率、灵敏的光照瞬态响应、可调节的表面与能带结构，从而在光催化领域得到了广泛研究。但是在单独用作光催化剂时，由于缺陷位点有限，存在载流子利用率不高的问题。因此，将 CDs 与金属氧化物进行复合，会将它们的性质互补，解决二者在光催化中存在的短板，并且可能会赋予复合物新的性质。目前，对 CDs／金属氧化物复合物在光催化方面的研究还不够系统，覆盖到的氧化物类型有限且分散，并且催化性能有待挖掘。本书的研究目的在于通过煤基 CDs 调控金属氧化物的合成，得到具有多种物相与结构组成的复合物，进一步提高光催化活性，并拓宽适用的溶液酸碱度条件，同时拓展适用的反应底物与催化有机反应类型，为 CDs/金属氧化物光催化剂的设计与应用提供一条可供借鉴的思路与方法。

1.5.2 研究内容

本书将 CDs 引入金属氧化物的制备过程，得到了一系列的 CDs 复合金属氧化物材料，并对其光催化活性与机理进行了深入研究，主要工作内容如下。

（1）在煤基 CDs 合成的中间产物 CDs/H_2O_2 悬浊液中，充分利用残余 H_2O_2 得到了 CDs@CuO_x 复合物；通过 XRD、TEM、XPS 等测试手段对复合物的形貌、结构与物相组成等进行表征，证实了复合物中 CuO_2 的存在，测试了复合物的自生 H_2O_2 释放性能；CDs@CuO_x 复合物的光催化氧化性能通过 3，3′，5，5′-四甲基联苯胺（TMB）体系进行验证，通过对比加 CDs 与否及 CDs 与铜盐的不同比例条件下的催化性能优化样品制备条件，考察了温度、光照、pH 等条件是如何影响复合物的催化活性的；在碱性邻苯二胺（OPD）体系中，探究了复合物的催化能力，并与同样有 H_2O_2 参与的类光芬顿催化进行比较，验证了自生双氧水相较于外加双氧水在催化中的优势；结合对导带、价带测试及自由基捕获与清除实验等的综合分析，阐释催化反应机制及 CDs 发挥的重要作用。

（2）金属过氧化物具有自供 H_2O_2 的功能，可以为催化反应中提供更多 ROS，但原位生成的 H_2O_2 在参与催化过程之前需要被活化，因此利用 CDs 与 CaO_2 构筑复合结构，调节可见光转换以促进 H_2O_2 的释放与活化。在本书中，引入 CDs 作为多相成核剂，在温和的条件下促进金属过氧化物的合成；通过改变实验参数，如前驱体种类、两者配比、催化剂用量等优

化 CaO_2/CDs 合成与催化反应条件；分别在酸性与碱性条件下探究复合物的催化行为，并通过动力学分析将反应速率进行量化；通过紫外-可见漫反射光谱、荧光光谱、荧光寿命检测等手段探究复合物对可见光的吸收范围、CDs 复合后对荧光及寿命的影响等；重点探讨了 CDs 对可见光的转化方式与对 H_2O_2 生成与活化的影响。最后结合活性自由基与能带结构等结构揭示了复合物的光催化机理与反应路径。

（3）过渡金属由于具有未充满电子的 d 轨道而易产生多价态的氧化物，过渡金属形成的无定形结构还可以为催化反应提供丰富的活性位点，但其松弛不规则的晶格排布也限制光生载流子的迁移。因此，通过将煤基 CDs 嵌入其中，缩短电荷传输距离，提高光生载流子的有效利用。本书研究了可见光下不同前驱体及成分比例对合成复合物光催化氧化活性的影响，确定适宜的制备条件；探究了复合物在 $NaBH_4$ 作为还原剂的体系中对 p-NP 的光催化还原活性，考察了光照条件、催化剂用量等条件对催化还原反应的影响；由瞬态光电流响应、电化学测试与能带分析等阐释了复合物既可以催化氧化，又可以催化还原的反应机理；此外，还对 a-NiO_x/CDs 的抑菌性能进行了探索。

2 实验设备及方法

2.1 实验试剂及材料

本书在复合物制备、活性物质捕获与清除、电化学测试、抑菌性能测试等操作中使用了多种实验试剂与材料,将主要使用的部分列于表2-1中。

表2-1 试剂与材料

试剂/材料	纯度或规格	生产厂家
中温煤沥青	—	衡水泽浩橡胶化工有限公司
无烟煤	—	阳泉煤业集团
甲酸	88%(体积分数)	国药化学试剂有限公司
H_2O_2	30%(质量分数)	阿拉丁试剂有限公司
3,3',5,5'-四甲基联苯胺(TMB)	AR	阿拉丁试剂有限公司
盐酸四环素(TC)	AR	阿拉丁试剂有限公司
对硝基苯酚(p-NP)	AR	阿拉丁试剂有限公司
对氨基苯酚(p-AP)	AR	阿拉丁试剂有限公司
氯化铜($CuCl_2$)	AR	国药化学试剂有限公司
无水氯化钙($CaCl_2$)	AR	国药化学试剂有限公司
无水氯化镍($NiCl_2$)	AR	国药化学试剂有限公司
氢氧化钠(NaOH)	AR	阿拉丁试剂有限公司
硼氢化钠($NaBH_4$)	AR	阿拉丁试剂有限公司

续表

试剂/材料	纯度或规格	生产厂家
乙二胺四乙酸二钠（EDTA-2Na）	AR	阿拉丁试剂有限公司
氯化硝基四氮唑蓝（NBT）	AR	阿拉丁试剂有限公司
对苯二甲酸（TA）	AR	国药化学试剂有限公司
金黄色葡萄球菌	—	上海鲁微科技有限公司
培养琼脂平板	9 cm	南京全隆生物技术有限公司

2.2 实验仪器及设备

本书在样品制备与后处理、物相与结构表征、光催化活性评估、能带结构测试及电化学性能等方面用到了多种仪器与设备，其中，常用设备规格与生产公司列于表2-2中。

表2-2 常用设备规格与生产公司

仪器设备	规格型号	生产公司
氙灯光源	CEL-HXF300	中教光源
强光光功率计	CEL-NP2000	中教光源
紫外-可见分光光度计	UV-2550	日本岛津公司
荧光分光光度计	F-280	天津港东科技发展股份有限公司
荧光寿命光谱仪	C11367	日本滨松光子学株式会社
真空干燥箱	DW-3	巩义市予华仪器有限公司
大功率离心机	TG16-WS	湖南湘仪离心机有限公司
电子分析天平	New Classic MS	梅特勒-托利多集团
超声清洗仪	KQ-500DB	昆山市超声仪器有限公司
电化学工作站	Bio-logic SP-200	法国比奥罗杰公司
pH计	6171	上海任氏电子
恒温培养摇床	THZ-103B	上海一恒科学仪器
细菌浊度计	WGZ-XT	广州蔚莱
手提式高压灭菌锅	24 L	力辰科技
透射电子显微镜	Tecnai G2 F20	美国FEI公司
扫描电子显微镜	MIRA LMS	泰斯肯公司

续表

仪器设备	规格型号	生产公司
X-射线衍射仪	Ultima IV	日本理学
X-光电子能谱仪	ScientificK-Alpha	赛默飞世尔科技
傅立叶红外光谱仪	Thermo	赛默飞世尔科技
原子吸收光谱	ContrAA 800D	德国耶拿公司

2.3 CDs 的制备方法

①煤沥青 CDs 的制备。煤沥青作为前驱体时，CDs 制备过程如下：将块状煤沥青破碎研磨至细碎粉末，取 200 mg 粉末，分别加入 30 mL 甲酸[88%（体积分数）]与 3 mL 30% H_2O_2（质量分数）。将上述混合溶液置于磁力搅拌器上，以转速 600 H/min 搅拌 20 h。搅拌结束后，整个溶液呈均匀的黑色，将其置于离心管中，在 10 000 H/min 转速下离心 5 min，上层清液为棕褐色，分离出上清液在 75 ℃下旋蒸干燥，去除残余甲酸与双氧水。旋蒸烧瓶底部的棕褐色固体使用无水乙醇超声洗涤，并放于透析袋中。接下来，在去离子水中透析两天，其间每隔 8 h 换水一次。最后，将透析袋内剩余的固体干燥收集，即为后续用于合成复合物的 CDs。

②无烟煤 CDs 的制备。无烟煤作为碳源制备 CDs 采用双氧水氧化刻蚀法[①]，具体步骤为将无烟煤用球磨机湿磨后干燥过筛，取 200 目筛下粉末 200 mg，加入 30 mL 30% H_2O_2（质量分数），在 80 ℃下搅拌 24 h。转速 10 000 H/min 离心除去大颗粒，然后用 0.22 μm 微滤膜抽滤，得到棕黄色 CDs/H_2O_2 液体，可以直接用于复合物合成实验，或将其在 60 ℃下真空干燥得到棕黑色 CDs 粉末。

---

① HU S, WEI Z, CHANG Q, et al. A facile and green method towards coal-based fluorescent carbon dots with photocatalytic activity [J]. Applied Surface Science, 2016, 378: 402-407.

2.4 实验测试方法

将本书各章中通用的实验方法、原理及其操作等总结如下。

2.4.1 活性自由基检测

采用荧光法检测羟基自由基(·OH)。由于对苯二甲酸(TA)可与羟基自由基反应,生成的产物 2-羟基对苯二甲酸(TAOH)在激发波长为 312 nm 时,于 426 nm 处表现出荧光发射。具体的实验操作步骤如下:取 0.02 g NaOH 溶解于 50 mL 去离子水中,将 0.024 g TA 放入碱性溶液中搅拌约 2 h,确保完全溶解。然后将 10 mg 样品加入配制好的溶液中搅拌一定时间,将少量溶液离心,取上清液检测荧光,将激发波长设置为 317 nm,发射波长设置为 420 nm,得到的峰值即对应羟基自由基的含量。

超氧自由基($·O_2^-$)测试。氯化硝基四氮唑蓝(NBT)可被超氧自由基还原生成蓝色甲䐶,氯化硝基四氮唑蓝的特征吸收峰在 260 nm 左右,而甲䐶的特征吸收峰在 560 nm 左右,可以视情况对二者中的一种进行监测,以判断超氧自由基的生成量。需要注意的是,由于甲䐶在水溶液中的溶解度非常低,因此在进行测试时,需要将产物通过重新溶解于二甲基亚砜或乙醇中再进行吸光度测试。具体操作为将 1 mg NBT 溶于 100 mL 去离子水中,磁力搅拌 30 min 至完全溶解。将 10 mg 样品加入 30 mL 配制好的 NBT 溶液中,置于可见光下照射 10 min,用注射器吸取 3 mL 溶液,用配套的 0.22 μm 滤膜过滤,得到透明液体并测试吸光度。根据实验需要,在黑暗下也可进行自由基测试以用于对比。

2.4.2 瞬态光响应电流测试

瞬态光响应电流测试在 0.1 mol/L Na_2SO_4 溶液体系中进行,采用三电极单元。工作电极、对电极和参比电极分别为样品包覆的 ITO 玻璃、Ag/AgCl 标准电极和 Pt 电极。电化学数据由 SP-200 Bio-logic 电化学工作站测试记录。

ITO 电极涂覆操作为取 5 mg 粉末样品与 200 μL 乙醇混合并超声分散 10 min，用生料带将电极片缠绕，只留下 2 cm×2 cm 大小，将分散好的悬浊液滴于电极片上，隔夜干燥后使用。

测试时，将电化学体系置于黑箱中，使 ITO 玻璃的样品侧对准光源入口，通过入口的遮挡与打开提供间歇的光照与黑暗环境，记录工作电极的电流–时间（$I\text{-}t$）曲线。

2.4.3　Mott-Schottky 法测试载流子浓度与导带电位

电解液与三电极体系同上，测试方法选择莫特–肖特基测试（Mott-Schottky）。同时选取四个频率，得到 Mott-Schottky 曲线。根据导带电位（E_c）与平带电位（E_{fb}）的关系计算得到导带电位。

$$E_c = E_{fb} - kT \ln \frac{N_D}{N_C} \tag{2-1}$$

其中，k 为玻尔兹曼常数；T 为温度；N_D 和 N_C 分别为杂质浓度和有效导带态密度。式（2-1）中的第二项主要取决于半导体的掺杂浓度，对于重掺杂的 n 型半导体，它接近于 0，式（2-1）中的此项可以忽略。因此，方程可以写成 $E_c \approx E_{fb}$。

同时，根据式（2-2），可以计算出载流子浓度：

$$N_d = \frac{2}{e_0 \varepsilon \varepsilon_0} \left| \frac{dc^{-2}}{dV} \right|^{-1} \tag{2-2}$$

其中，e_0 为电子电荷；ε 和 ε_0 分别为介电常数和真空介电常数；c 为浓度；V 为体积。

2.4.4 电化学阻抗谱（EIS）测试

实验中用到的电解质溶液、对电极与参比电极等同上，工作电极选用玻碳电极。具体制备过程为将样品涂覆于玻碳电极上，具体操作为取 5 mg 样品与 300 μL 异丙醇、100 μL 0.5 %（质量分数）的全氟磺酸树脂（Nafion）黏结剂溶液混合并超声分散 30 min。玻碳电极抛光并用乙醇超声清洗后，倒立放置，用移液枪取 3 μL 分散好的样品滴于玻碳电极上，静置干燥，重复滴加 4 次，最后再滴加 3 μL Nafion 溶液，以确保样品在测试中不掉落。

2.4.5 紫外-可见漫反射光谱测试与 Tauc-plot 分析

样品的带隙可以用 Tauc-plot 方法进行分析得到[①]。首先用紫外-可见分光光度计和积分球附件得到样品的紫外漫反射光谱曲线，然后带隙 E_g 可以通过式（2-3）计算得到。

$$(\alpha h\nu)^{1/n} = A(h\nu - E_g) \qquad (2\text{-}3)$$

其中，α 是吸光系数；h 是普朗克常数；ν 是入射光频率；A 是常数；E_g 代表带隙；n 的数值选择取决于样品的半导体类型，直接带隙半导体取 1/2，间接带隙半导体取 2。

通过公式换算可以绘制 Tauc-plot 曲线，由斜线段的延长线与横轴的交点即可推断出半导体带隙数值。

2.4.6 自生 H_2O_2 释放实验

配制不同 pH 的缓冲溶液，酸性缓冲溶液使用 NaAC-HAc 缓冲溶液对，中性与碱性溶液选用 Tris-HCl 缓冲溶液对。将光源的光强设定为一个太阳

---

① LIN Z, XIAO J, LI L, et al. Nanodiamond-Embedded p-type copper (Ⅰ) oxide nanocrystals for broad-spectrum photocatalytic hydrogen evolution [J]. Advanced Energy Materials, 2016, 6 (4): 1501865.

光，将 20 mg 样品加入 60 mL 0.01 mol/L 配制好的缓冲溶液中并磁力搅拌，在一定的时间内用注射器吸取 1 mL 样品并通过 0.22 μm 微滤滤头，将收集的液体加入 2 mL 草酸钛钾检测液中，混合均匀后测试吸收曲线并记录 400 nm 处的峰值。草酸钛钾检测液的配制方法为 550 mg $K_2TiO(C_2O_4) \cdot 2H_2O$ 粉末加入稀释后的硫酸溶液中（12.5 mL 硫酸加入 487.5 mL 去离子水）。最后，将不同时刻的测量值与吸收值 –H_2O_2 浓度标准曲线进行对照，即可得到各个时刻的双氧水浓度值。此处，吸收值 –H_2O_2 浓度标准曲线通过测试并自行绘制得到。

2.4.7 酶动力学测试实验

3，3′，5，5′– 四甲基联苯胺（TMB）是常用的酶促反应底物，其最佳反应酸度为 pH=4.0，氧化物（TMB-ox）显蓝色，最高特征紫外 – 可见吸收峰在 654 nm 处，因此可使用紫外 – 可见分光光度计对其浓度进行监测。实验中选择 654 nm 处的特征吸收峰进行分析，在一系列 TMB 浓度范围内（0.06 mM，0.12 mM，0.18 mM，0.24 mM，0.30 mM，0.45 mM，0.6 mM，0.75 mM，0.90 mM，1.05 mM，1.20 mM）测试样品的催化反应动力学。根据朗伯 – 比尔定律，将吸光度数据转换为 TMB-ox 的浓度：

$$A = \varepsilon \times b \times c \tag{2-4}$$

其中，A 为可测吸光度；ε 为 TMB-ox 的摩尔消光系数（$\varepsilon = 39\,000\text{ M}^{-1} \cdot \text{cm}^{-1}$）；$b$ 是光的路径长度（$b = 1$ cm）；c 是溶液浓度（mol/L）。

然后用米氏方程拟合得到反应速率：

$$v = v_{\max} \times \frac{[S]}{[S] + K_m} \tag{2-5}$$

式中，$v_{\max}$ 为最大反应速度；K_m 为米氏常数；$[S]$ 为反应底物的浓度。其中，K_m 是表征酶对底物亲和力的关键参数，K_m 值越低，表明催化剂对底物的亲和力越高。v_{max}为底物浓度饱和时的反应速率，v_{max}越大，则表示催化剂对底物的催化反应速率越快。

2.5 本章小结

本章总结了本书在样品制备与催化性能及机理探究中使用的主要试剂与材料、仪器设备，同时就CDs的制备方法进行了详细介绍。此外，对于各章节通用的主要实验测试方法，从测试原理与实际操作等给出了详细解释。

3 CDs@CuO$_x$纳米复合物的制备与光催化活性研究

3.1 引言

在光催化反应中，光生载流子在没有快速转移的情况下，会发生两种流动状态：一种是跃迁到原能级处与空穴发生复合，从而将吸收的光子能量释放；另一种则是在表面发生积累，继而诱导电场形成。而电场会排斥新生电荷的迁移，严重阻碍能量的连续转换。因此，将光生载流子迅速消耗从而避免表面的电荷累积是提升光催化活性的一种有效策略。

CDs具有良好的可见光响应性，可在光的诱导下迅速产生载流子，但是由于缺陷态有限，持续的载流子得不到消耗会造成复合或累积问题。而与金属氧化物的复合可以在一定程度上解决载流子分离的问题。H_2O_2常用于芬顿、类芬顿和光芬顿催化，当Fe^{2+}/Fe^{3+}、Cu^+/Cu^{2+}或其化合物存在时，H_2O_2能立即转化为·OH来氧化反应底物，其加速活性自由基生成的能力引起了人们的关注[1][2]。但在反应过程中，双氧水会逐渐消耗，因此需要间歇性地向系统中补充，而一次性的高投入量又会加速羟基自由基的自消耗，这给实际操作带来一定不便。而将自供双氧水的过氧化物与具有高效光响应的 CDs 进行结合，为光催化剂的设计提供了一个新的视角。CDs 优异的光载流子生成和分离能力、较宽的波长响应范围、易于与其他复合材料集成的特点为高效光催化剂的形成奠定了卓越的基础[3]。

在本章中，为解决光催化剂中的载流子积累问题，利用煤基 CDs 制备过程中的残余双氧水在室温下通过共沉淀法制备了可自生双氧水的 CDs 复合氧化铜纳米材料，并优化了制备条件。笔者测试了双氧水的释放能力，并因自生双氧水触发的光催化活性，在较宽的 pH 范围、不同的催化底物条件下，对 CDs@CuO$_x$ 复合物的催化氧化活性进行了探究。同时，对比了自生双氧水及外界添加双氧水的效果；通过能带结构与活性自由基测试等，对复合物的光催化氧化机理进行了探讨。

3.2 光催化实验方法

3.2.1 光催化 TMB 与 OPD 实验

以乙醇为溶剂配制浓度为 30 mM 的 3，3′，5，5′-四甲基联苯胺（TMB）

---

[1] ZHU Y, ZHU R, XI Y, et al. Strategies for enhancing the heterogeneous Fenton catalytic reactivity: A review [J]. Applied Catalysis B: Environmental, 2019, 255: 117739-117754.

[2] VILARDI G, SEBASTIANI D, MILIZIANO S, et al. Heterogeneous nZVI-induced Fenton oxidation process to enhance biodegradability of excavation by-products [J]. Chemical Engineering Journal, 2018, 335: 309-320.

[3] LIU Y, LI X, ZHANG Q, et al. A General route to prepare low-ruthenium-content bimetallic electrocatalysts for pH-universal hydrogen evolution reaction by using carbon quantum dots [J]. Angewandte Chemie International Edition, 2020, 59（4）: 1718-1726.

溶液，取 200 μL 与 10 mL 浓度为 0.1 M pH=4.0 CH_3COONa–CH_3COOH 缓冲溶液混合，加入 1 mg 制备的样品。将溶液置于光照强度为 200 mW/cm^2 的氙灯下照射并搅拌，催化氧化产物呈蓝色，并在 652 nm 处表现出特征吸收，每隔 5 min 取 3 mL 溶液进行吸光度检测，判断催化反应速率。

配制新鲜的浓度为 10 mM 的邻苯二胺（OPD）溶液，使用三羟甲基氨基甲烷盐酸盐（Tris）–HCl 缓冲液调节 pH，取 1 mg 样品置于上述溶液中，在模拟太阳光（100 mW/cm^2）下进行光催化实验。邻苯二胺氧化产物的特征吸收峰在 417 nm 处，采用紫外–可见分光光度法测定吸光度随时间的变化，以推断催化反应活性。

3.2.2 样品循环利用实验

在 TMB 催化系统中，反应结束后，首先需要用 0.1 M NaOH 将 pH 值调节至 8.0 以上，此过程中溶液颜色逐渐改变，由蓝色变为墨绿、棕黄，再到明黄色，此时的 pH 值约为 8，随后加入 10 μL H_2O_2，将沉淀洗涤三次，离心并在真空干燥箱中干燥。得到的产物进行称重后，取一定量进行再次催化实验。在 OPD 溶液中，则只需将反应后溶液中的沉淀离心收集，洗涤干燥即可。

3.2.3 溶液中 Cu^{2+} 浓度的测定

采用原子吸收光谱法（AAS）测量溶液中 Cu^{2+} 的含量，选取 l = 324.754 nm 作为特征波长。

测试样品准备。将 CDs@CuO_x 样品 10 mg 加入 50 mL NaAc–HAc 缓冲液（pH=4.0）中，磁力搅拌 5 min，注射器抽取 6 mL 溶液通过 0.22 μm 微滤膜过滤。然后将 5 mL 滤液加入 100 mL 容量瓶中稀释，得到的溶液标记为 Cu^{2+}—5 min。按照上述步骤分别取溶解 10 min 和 15 min 的溶液进行过滤与稀释操作，分别标记为 Cu^{2+}—10 min、Cu^{2+}—15 min。

标准溶液的准备。取 Cu^{2+} 标准溶液通过稀释分别得到浓度为 $1\ mg\cdot L^{-1}$、$2\ mg\cdot L^{-1}$、$3\ mg\cdot L^{-1}$、$4\ mg\cdot L^{-1}$ 的标准溶液，用于浓度标准曲线的绘制。

3.3 样品制备与表征

3.3.1 样品制备方法

CDs@CuO_x 与 CuO_x 的制备方法与步骤示意图如图 3-1 所示，分别对具体的参数与操作进行说明。

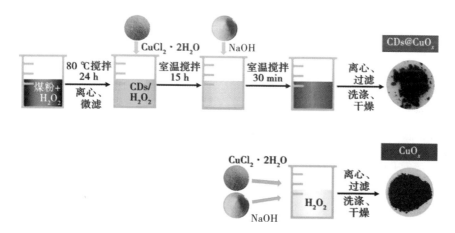

图 3-1　CDs@CuO_x 与 CuO_x 的制备方法与步骤示意图

（1）CDs@CuO_x 复合物制备

将由无烟煤制备得到的 CDs / H_2O_2 溶液进行微滤，采用 0.22 μm 滤膜，得到棕黄色澄清胶体溶液，用 365 nm 荧光灯照射可见蓝色荧光。取 30 mL 滤液，少量多次加入 1.2 mmol $CuCl_2\cdot 2H_2O$，并在室温下搅拌 15 h。然后将 2.4 mmol NaOH 溶于 5 mL 水中，逐滴缓慢滴入反应体系中并搅拌，调整 pH 值高于 8，可观察到棕色沉淀产生。将沉淀离心，用去离子水洗涤，60 ℃ 真空干燥 3 h，收集得到墨绿色粉末，标记为样品 CDs@CuO_x。同时，为了探究铜的氧化物与 CDs 的比例对其催化效果的影响，不同添加量的 $CuCl_2·2H_2O$（0.4 mmol，0.8 mmol，1.2 mmol，1.6 mmol，2.0 mmol）和相应的氢氧化钠（0.8 mmol，1.6 mmol，2.4 mmol，3.2 mmol，4.0 mmol）分别加入 CDs 胶体溶液中，制备得到了一系列比例的 CDs@CuO_x 复合物。

（2）CuO_x 制备

取 30 mL 30%（质量分数）的 H_2O_2，为了比较，少量多次加入 1.2 mmol $CuCl_2·2H_2O$，并在室温下搅拌 15 h。然后将 2.4 mmol NaOH 溶于 5 mL 水中，逐滴缓慢滴入反应体系中并搅拌，调整 pH 值高于 8，可观察到沉淀产生。将沉淀离心，用去离子水洗涤，60 ℃真空干燥 3 h，制备得到黑色粉末，标记为样品 CuO_x。

（3）样品制备原理

CDs 的 Zeta 电位呈强负性，易与带正电荷的 Cu^{2+} 相互吸引，时间较长的搅拌过程易于使二者充分接触并结合。同时，由于 Cu^{2+} 可以缓慢催化 H_2O_2 分解，在搅拌过程中可见气泡产生，并伴有分解热的释放，该热量可促进后续的共沉淀过程进行。该过程中，铜的过氧化物的生成涉及的化学反应式如下：

$$Cu^{2+} + H_2O_2 + 2OH^- \longrightarrow CuO_2\downarrow + 2H_2O$$

3.3.2 样品形貌与结构表征

图 3-2 为制备得到的复合物 CDs@CuO_x 的 TEM 及其高分辨图像及元素分析结果。图 3-2（a）显示复合物呈现出堆叠的不规则颗粒状形态，且粒径属于纳米尺度。图 3-2（b）为进一步放大的 TEM 图像，其中，可见粒径不同的近似圆形的颗粒。从插图的高分辨率透射电镜（HRTEM）图像中，可以清晰地看出 CDs 的典型晶格间距为 0.21 nm，对应于 CDs 的（002）晶面。图 3-3（c）的 HRTEM 更明显地体现出 CDs@CuO_x 近似圆球状的外形，

由晶面间距可以判断对应的物相。在此颗粒中，不仅存在CDs的特征晶面，同时0.198 nm与0.187 nm分别对应着CuO的（-112）及（202）晶面，因此判断复合物中也有CuO存在，且CDs与CuO通过明显的界面进行分隔，由此推断二者之间可能存在异质结构。图3-2（d）展示了Cu、C、O三种元素在复合物中的分布状态，可以看到三者为均匀分布，3-2（e）中的表面元素分析结果也与之吻合。

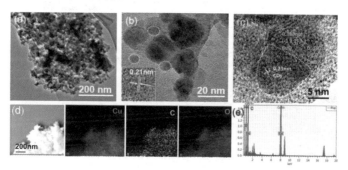

图3-2　CDs@CuO$_x$样品的形貌表征

通过X射线光电子能谱（XPS）对样品CDs@CuO$_x$与CuO$_x$的元素组成与价态进行了表征。图3-3（a）全谱图中，可观察到Cu、O、C、P等元素，对比两个样品可见，Cu与O元素强度的比例有明显变化，这可能与氧化物物相结构有关。通过O 1s分峰拟合结果［图3-3（b）］可以确定O—O键的存在[①]。可以看到CuO$_x$中存在Cu(OH)$_2$，这可能与合成过程有关，因为在用湿化学法合成金属氧化物时，容易在表面生成对应的氢氧化物，加之XPS对探测样品的测试深度为2～5 nm，因此出现此现象。另外，对比CDs@CuO$_x$与CuO$_x$的氧拟合峰［图3-3（c）］，CuO$_x$中O—O键的比例仅为18%，少于CDs@CuO$_x$的26%，说明CDs@CuO$_x$复合物中的CDs在一定程度上起到了稳定CuO$_2$的作用。从图3-3（d）中的Cu 2p3/2峰的拟

---

① TANG Z M, LIU Y Y, NI D L, et al. Biodegradable nanoprodrugs: "Delivering" ROS to cancer cells for molecular dynamic therapy［J］. Advanced Materials, 2020, 32（4）: e1904011.

合结果可以看出，CDs@CuO$_x$ 中 Cu—O 键能要比 CuO$_x$ 偏大，此现象可能也与 Cu—O—O 的形成有关。

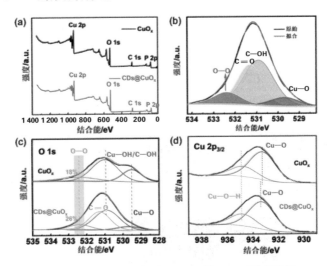

图 3-3　CDs@CuO$_x$ 与 CuO$_x$ 的 XPS 测试结果

由 CuO$_x$ 的 XRD 图像可观察到 CuO 与 CuO$_2$ 的存在。其中，CuO 的主峰位置都对应良好，如 32.4°，35.5°，38.6°，48.8° 等分别对应着单斜 CuO 晶体（JCPDS 80-1916）的（110）、（-111）、（111）、（-202）晶面。特别需要指出的是，在 2θ = 16.30° 处存在的峰对应着 CuO$_2$（JCPDS 97-009-6699）的最高特征峰（002），这是 CuO$_2$ 存在的一个重要证据，CuO$_2$ 的其他峰没有出现，可能与 CuO$_x$ 中 CuO$_2$ 含量较少有关［图 3-4（a）］。相比之下，CDs@CuO$_x$ 的 XRD 谱图各峰呈现出平缓的弥散峰的特点，并且背景噪声十分明显，这可能与其颗粒尺寸都在低纳米量级有关。两个峰位于 2θ = 32° 和 38° 附近，分别对应 CuO 的（110）和（111）晶面，优势峰的显著变化可能表明 CDs 具有特殊的晶体择优取向组合（-111）。

CDs@CuO$_x$ 的 FT-IR 光谱分别在 3 419 cm^{-1}、2 928 cm^{-1}、1 848 cm^{-1}、1 750 cm^{-1} 和 1 593 cm^{-1} 处出现典型的 O—H、—CH$_3$、—CH$_2$、C=O、C=C 弯曲振动［图 3-4（b）］。1 403 cm^{-1} 附近的峰处于 C=O 和—CH$_3$ 弯曲

振动的典型位置范围,1 026 cm^{-1} 处的峰为 C—O—C 振动[①]。这些特性说明 CDs 确实存在于所制得的样品中。此外,在 1 424~1 437 cm^{-1} 范围内有几个小的凸起,其中值得注意的是,在文献中提到 1 384 cm^{-1} 与 CuO$_2$ 有关[②③]。

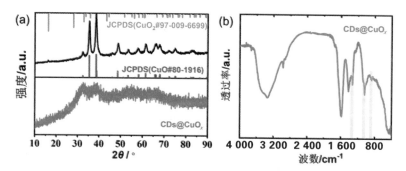

图 3-4　CDs@CuO$_x$ 与 CuO$_x$ 的 XRD 结果及 CDs@CuO$_x$ 的红外测试结果

3.3.3　自生双氧水释放能力探究

CDs@CuO$_x$ 的催化氧化活性与其双氧水的自生能力直接相关,双氧水作为活性物质的"存储仓库"将在激活后转变为活性氧,从而直接参与催化过程。因此,有必要探究合成的复合物自生双氧水的能力。使用 KMnO$_4$ 氧化褪色法测试了两种样品在酸性溶液中生成 H$_2$O$_2$ 的能力。

过氧基团倾向于在 H$^+$ 存在条件下与 CuO$_2$ 反应生成 H$_2$O$_2$。加入 2 mg CDs@CuO$_x$ 样品后,KMnO$_4$ 的紫色消失,1 min 后几乎全部消失,速度快于

---

① VAZQUEZ-GONZALEZ M, LIAO W C, CAZELLES R, et al. Mimicking horseradish peroxidase functions using Cu^{2+}-modified carbon nitride nanoparticles or Cu^{2+}-modified carbon dots as heterogeneous catalysts [J]. ACS Nano, 2017, 11 (3): 3247-3253.

② LAN S, XIONG Y, TIAN S, et al. Enhanced self-catalytic degradation of CuEDTA in the presence of H$_2$O$_2$/UV: Evidence and importance of Cu-peroxide as a photo-active intermediate [J]. Applied Catalysis B: Environmental, 2016, 183: 371-376.

③ SCHATZ M, RAAB V, FOXON S P, et al. Combined spectroscopic and theoretical evidence for a persistent end-on copper superoxo complex [J]. Angewandte Chemie International Edition, 2004, 43 (33): 4360-4363.

CuO$_x$。根据文献①，过氧化铜在酸性条件下倾向于释放 H$_2$O$_2$ 和 Cu^{2+}，因此它们可以共同参与芬顿（Fenton）催化。基于此，采用原子吸收光谱法（AAS）分析 CDs@CuO$_x$ 在 pH = 4 的缓冲溶液中，Cu^{2+} 浓度随时间的变化，同时间接分析 H$_2$O$_2$ 含量（表 3-1）。图 3-5 中为 Cu^{2+} 标准曲线，将吸收值代入拟合方程可以得出对应的 Cu^{2+} 浓度，从表 3-1 中数据可以看出，Cu^{2+} 的溶出速率一开始很快，5 min 后几乎达到极值，接下来溶解速度变慢。由此可推断，H$_2$O$_2$ 的产生速率也应符合相似的规律。

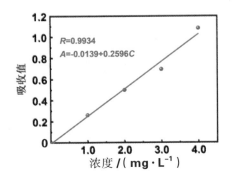

图 3-5　用一系列浓度的标准 Cu^{2+} 溶液得到的标准 Cu^{2+} 曲线

表 3-1　溶解过程 Cu^{2+} 浓度变化的原子吸收光谱分析结果

样品	浓度 /（mg·L^{-1}）	吸收值
Cu^{2+}—5 min	3.951	1.011 8
Cu^{2+}—10 min	3.955	1.012 7
Cu^{2+}—15 min	4.106	1.051 9
空白样	0	0.000 67
标准 Cu^{2+} 溶液	1.0	0.256 72
	2.0	0.496 16
	3.0	0.692 06
	4.0	1.081 0

---

① ZHOU X J, ZHANG Y, WANG C, et al. Photo-fenton reaction of graphene oxide: A new strategy to prepare graphene quantum dots for DNA cleavage [J]. ACS Nano, 2012, 6: 6592-6599.

3.4 光催化性能研究与机理分析

3.4.1 光催化氧化 TMB 性能分析

在催化领域，阎锡蕴团队于 2007 年发现无机的 Fe_3O_4 表现出类似过氧化物酶的活性，因而纳米酶这一概念在催化研究中开始受到重视，它是指一些纳米材料也可以表现出像生物酶一样的催化活性，可用于生物医疗等领域[1]。同时，酶动力学研究中的重要理论与计算方法等也可以借鉴并应用于纳米酶的催化中。通常，H_2O_2 具有作为电子受体激活类过氧化物酶（POD）的性能[2][3]，而由前面的研究可知，制备得到的复合物可形成自生双氧水，因此借鉴纳米酶催化来研究 $CDs@CuO_x$ 的催化活性。催化实验以 3，3′，5，5′- 四甲基联苯胺（TMB）为底物，其氧化物（TMB-ox）显蓝色，特征紫外 - 可见吸收峰在 654 nm 处[4]，因此采用紫外 - 可见分光光度计检测 TMB-ox 浓度，以推测制备样品的催化表现。

---

[1] GAO L, ZHUANG J, NIE L, et al. Intrinsic peroxidase-like activity of ferromagnetic nanoparticles [J]. Nature Nanotechnology, 2007, 2（9）: 577-583.

[2] ZHANG J, WU S, LU X, et al. Manganese as a catalytic mediator for photo-oxidation and breaking the pH limitation of nanozymes [J]. Nano Letters, 2019, 19（5）: 3214-3220.

[3] ZHANG J, LIU J. Light-activated nanozymes: catalytic mechanisms and applications [J]. Nanoscale, 2020, 12（5）: 2914-2923.

[4] LIANG M, YAN X. Nanozymes: From new concepts, mechanisms, and standards to applications [J]. Accounts of Chemical Research, 2019, 52（8）: 2190-2200.

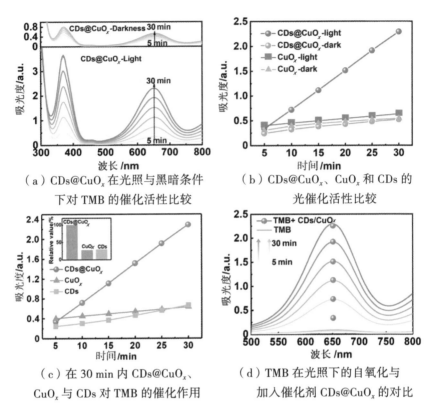

(a) CDs@CuO$_x$ 在光照与黑暗条件下对 TMB 的催化活性比较

(b) CDs@CuO$_x$、CuO$_x$ 和 CDs 的光催化活性比较

(c) 在 30 min 内 CDs@CuO$_x$、CuO$_x$ 与 CDs 对 TMB 的催化作用

(d) TMB 在光照下的自氧化与加入催化剂 CDs@CuO$_x$ 的对比

图 3-6　光照和黑暗条件下 CDs@CuO$_x$、CuO$_x$、CDs 的催化活性比较

黑暗条件下，将 CDs@CuO$_x$ 置于 pH = 4 的 TMB 溶液中，可观察到溶液中逐渐出现蓝色，且经测量后的吸光度呈线性增加趋势。但更为有趣的是，CDs@CuO$_x$ 的催化活性在光照下显著增强［图 3-6（a）］，相比之下，CuO$_x$ 在光照下没有明显变化。这一现象与 CDs@CuO$_x$ 中 CDs 的存在有关。因此，笔者接下来从多个角度对 CDs@CuO$_x$ 及其组成物质的光催化活性进行了对比实验。图 3-6（b）对比了光照与黑暗下 CDs@CuO$_x$ 及 CuO$_x$ 的催化效果。黑暗下两者几乎相同，而光照下 CDs@CuO$_x$ 表现出高于 CuO$_x$ 4 倍的催化活性，可见 CDs 在其中发挥的关键性作用。对 CDs 的光催化性能也进行了研究［图 3-6（c）］，结果显示，单纯的 CDs 在 30 min 内的催化性能与 CuO$_x$ 相似，而两者的催化速率显然远远落后于 CDs@CuO$_x$ 复合物。

因此，复合物中二者异质结合方式也可能是诱发其优异的光催化性能的原因。此外，值得注意的是，虽然 TMB 具有光敏性，但与催化剂的快速氧化速率相比，其自发氧化速率可以忽略不计，如图 3-6（d）所示。

光照可以提高 CDs@CuO$_x$ 的光催化活性，但是光是如何起作用的呢？为了进一步阐明这个问题，进行了瞬间光电流响应测试。由图 3-7（a）中的结果可知，光照与黑暗下 CDs@CuO$_x$ 显示出很大的光电流值差异，且峰值约为 0.5 μA·cm^{-2}·mg^{-1}，相比之下，CuO$_x$ 的光电流并不明显。这说明了 CDs@CuO$_x$ 在光照下可以产生较多的光生电荷，证明了其优异的光响应效果，同时通过与 CuO$_x$ 的对比，证实了 CDs 发挥的重要作用。

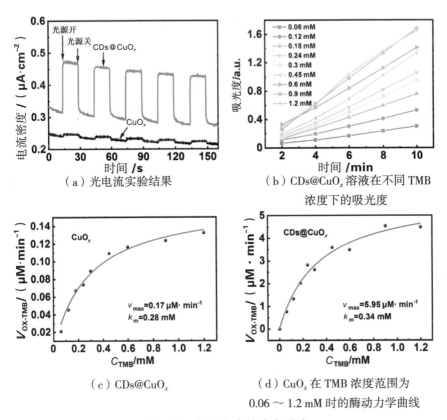

（a）光电流实验结果

（b）CDs@CuO$_x$ 溶液在不同 TMB 浓度下的吸光度

（c）CDs@CuO$_x$

（d）CuO$_x$ 在 TMB 浓度范围为 0.06～1.2 mM 时的酶动力学曲线

图 3-7　瞬间光电流响应测试

表 3-2 不同纳米酶氧化 TMB 的动力学参数比较

催化剂	K_m / mM	v_{max} / ($\mu M \cdot min^{-1}$)	添加物
Fe$_3$O$_4$@Cu/C[①]	1.87	81.24	H$_2$O$_2$
Cu/CuxO/NC[②]	1.61	54	H$_2$O$_2$
Cu@Cu$_2$O[③]	0.94	5.71	H$_2$O$_2$
PtNPs@MnO$_2$[④]	0.015	9.36	—
CeO$_2$+F$^-$[⑤]	0.14	3.78	—
CoMo hybrids[⑥]	0.236	3.414	—
Cu-NC[⑦]	0.223	1.81	—
CDs[⑧]	0.31	1.716	—

① HUANG Y-F, ZHANG L, MA L, et al. Fe$_3$O$_4$@Cu/C and Fe$_3$O$_4$@CuO composites derived from magnetic metal–organic frameworks Fe$_3$O$_4$@HKUST-1 with improved peroxidase–like catalytic activity [J]. Catalysis Letters, 2019, 150（3）: 815-825.

② DING L, YAN F, ZHANG Y, et al. Microflowers comprised of Cu/Cu$_x$O/NC nanosheets as electrocatalysts and horseradish peroxidase mimics [J]. ACS Applied Nano Materials, 2019, 3（1）: 617-623.

③ LING P, ZHANG Q, CAO T, et al. Versatile three–dimensional porous Cu@Cu$_2$O aerogel networks as electrocatalysts and mimicking peroxidases [J]. Angewandte Chemie International Edition, 2018, 57（23）: 6819-6824.

④ LIU J, MENG L, FEI Z, et al. On the origin of the synergy between the Pt nanoparticles and MnO$_2$ nanosheets in wonton–like 3D nanozyme oxidase mimics [J]. Biosensors and Bioelectronics, 2018, 121: 159-165.

⑤ ZHANG J, WU S, LU X, et al. Manganese as a catalytic mediator for photo–oxidation and breaking the pH limitation of nanozymes [J]. Nano Letters, 2019, 19（5）: 3214-3220.

⑥ DING Y, WANG G, SUN F, et al. Heterogeneous nanostructure design based on the epitaxial growth of spongy MoS$_x$ on 2D Co（OH）$_2$ nanoflakes for triple–enzyme mimetic activity: Experimental and density functional theory studies on the dramatic activation mechanism [J]. ACS Applied Materials & Interfaces, 2018, 10（38）: 32567-32578.

⑦ HE F, ZHENG Y, FAN H, et al. Oxidase-inspired selective 2e/4e reduction of oxygen on electron–deficient Cu [J]. ACS Appllied Materials & Interfaces, 2020, 12（4）: 4833-4842.

⑧ LI S, PANG E, GAO C, et al. Cerium–mediated photooxidation for tuning pH–dependent oxidase–like activity [J]. Chemical Engineering Journal, 2020, 397: 125471.

续表

催化剂	K_m / mM	v_{max} / (μM·min^{-1})	添加物
Acr+–Mes[①]	0.129	0.269	—
N–PCNSs–3[②]	0.084	0.252	—
CDs@CuO$_x$	0.34	5.95	—

为量化催化反应活性，笔者研究了样品的催化动力学。在 TMB 浓度范围（0.06～1.2 mM）内选择多个浓度值进行催化实验，测试了在每个浓度下的光催化效果随时间的变化，并转化为摩尔数与时间的关系，从而计算出催化速率。将每个浓度对应的速率绘制总图，并通过酶动力学的代表方程——米氏方程进行拟合，即可定量得到样品的最大反应速率及酶促反应的亲和能，前者代表催化反应活性，后者代表样品对催化底物的吸附与结合能力。从图 3–7（c）至图 3–7（d）可以看到，两种复合材料的速率最大值（v_{max}）相差很大，CuO$_x$ 的最大速度为 0.17 μM·min^{-1}，而 CDs@CuO$_x$ 的最大速度可达 5.95 μM·min^{-1}，后者是前者的 35 倍，该结果优于大部分相关文献报道的数值（表 3–2）。

除光照之外，催化反应温度的控制、合成过程中反应物的比例也会影响复合物的催化效果，从图 3–8（a）可见，当 30 mL CDs / H$_2$O$_2$ 溶液中分别加入 CuCl$_2$·2H$_2$O 的量为 0.4 mmol、0.8 mmol、1.2 mmol、1.6 mmol、2.0 mmol、1.2 mmol，当取值为 1.2 mmol 时，复合物对 TMB 的催化效果最好，这在最初的实验中就进行了探索，并把最优条件作为后续实验的控制条件。温度会影响化学反应的速率，对于 TMB 的催化反应亦然。通过控制反应体系的温度来监测催

---

① DU J, WANG J, HUANG W, et al. Visible light–activatable oxidase mimic of 9-mesityl-10-methylacridinium ion for colorimetric detection of biothiols and logic operations [J]. Analytical Chemistry, 2018, 90 (16) : 9959–9965.

② FAN K, XI J, FAN L, et al. In vivo guiding nitrogen–doped carbon nanozyme for tumor catalytic therapy [J]. Nature Communications, 2018, 9 (1) : 1440.

化效果，由图 3-8（b）可见，在 10～40 ℃，吸光度随温度升高而升高，实际实验中采用的是室温条件。

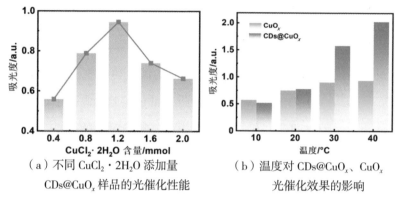

（a）不同 CuCl$_2$·2H$_2$O 添加量 CDs@CuO$_x$ 样品的光催化性能

（b）温度对 CDs@CuO$_x$、CuO$_x$ 光催化效果的影响

图 3-8　反应物的比例及温度对催化效果的影响

3.4.2　碱性条件下光催化 OPD 氧化活性分析

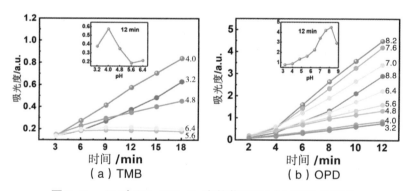

（a）TMB　　（b）OPD

图 3-9　pH 对 CDs@CuO$_x$ 光催化 TMB 与 OPD 的影响

此外，需要重点指出的是，pH 也是多相催化的关键因素。由酸性条件下 TMB 的催化结果（图 3-9）可以看出，CDs@CuO$_x$ 对 TMB 的最大氧化速率出现在 pH = 4.0，但这是由 TMB 本身的性质决定的[①]。为了探究 CDs@

---

① ZHANG J, LIU J. Light-activated nanozymes: catalytic mechanisms and applications [J]. Nanoscale, 2020, 12（5）: 2914-2923.

3 CDs@CuO$_x$ 纳米复合物的制备与光催化活性研究

CuO$_x$ 的适用条件,选择 OPD(邻苯二胺)作为底物在中性与碱性条件下进行催化实验。在 Tris-HCl 缓冲液中加入 10 mL 10 mM OPD 溶液,将 1 mg 催化剂样品放入其中,并在模拟阳光(100 mW/cm^2)下进行光催化实验。由于 OPD-ox 在 417 nm 处存在特征吸收峰,因此采用紫外-可见分光光度法测定其浓度。尽管碱性条件不足以形成解离的 H$_2$O$_2$,但 CDs@CuO$_x$ 出人意料地在 7.0~8.8 的 pH 值范围内表现出较好的催化活性。因此,可以推测是由于 CDs@CuO$_x$ 表面的过氧基团直接参与反应,而不是高度依赖于解离 H$_2$O$_2$ 的类芬顿催化。

笔者系统探究了 CDs@CuO$_x$ 与 CuO$_x$ 在碱性条件下对邻苯二胺的催化行为,从图 3-10(a)可以看出,CDs@CuO$_x$ 具有优于 CuO$_x$ 的催化活性,但在 12 min 内,OPD-ox 的浓度二者只相差约 1/3,与酸性溶液中的效果有较大差距。有趣的是,CuO$_x$ 超过了 CuO 的催化效果,且几乎达到了后者的两倍,说明其中少量的 CuO$_2$ 成分表现出了卓越的催化能力。从图 3-10(b)可以看出,光照对 CDs@CuO$_x$ 与 CuO$_x$ 的催化氧化均具有促进作用,这可能与光生载流子的产生与转化有关。

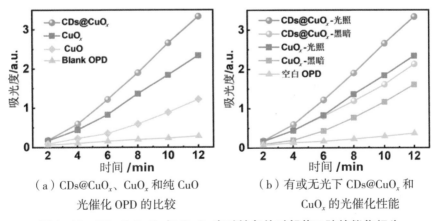

(a) CDs@CuO$_x$、CuO$_x$ 和纯 CuO 光催化 OPD 的比较

(b) 有或无光下 CDs@CuO$_x$ 和 CuO$_x$ 的光催化性能

图 3-10 CDs@CuO$_x$ 与 CuO$_x$ 在碱性条件对邻苯二胺的催化行为

3.4.3 催化剂重复利用性能

图 3-11 样品再生过程中的现象

对试验后的 CDs@CuO$_x$ 样品进行回收（图 3-11），并分别在 TMB（pH = 4）和 OPD（pH = 8.2）中进行后续的重复试验（图 3-12）。结果显示，经过三次循环后，CDs@CuO$_x$ 在酸性条件下的催化活性降低了近 40%，而在碱性条件下仍保持原有性能的 94%。这表明该催化剂在碱性条件下循环使用的优越性。此外，这种区别也证实了由于 O—O 基团在碱性条件下溶解有限，因此可以更稳定地发挥催化作用。

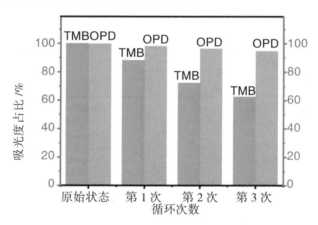

图 3-12 CDs@CuO$_x$ 对 TMB 和 OPD 的循环性能

3.4.4 光催化机理分析

研究表明，由于酸性溶液中金属离子化合价的变化和羟基自由基·OH 的生成，H$_2$O$_2$ 与金属离子或复合物形成的组合会引起（光）芬顿或类芬顿催化过程[1][2][3][4][5]。芬顿催化是高级氧化法的一种，它是指 Fe^{2+} 在双氧水存在的条件下，可以发生链式的氧化与还原反应，通过金属离子价态的变化不间断地消耗双氧水，并转化为氧化性极强的羟基自由基（·OH），其氧化电位可高达 2.80 V，其反应式为[6]

$$Fe^{2+} + H_2O_2 \longrightarrow Fe^{3+} + OH^- + \cdot OH$$

$$Fe^{3+} + H_2O_2 \longrightarrow Fe^{2+} + HO_2\cdot + H^+$$

$$Fe^{3+} + HO_2\cdot \longrightarrow Fe^{2+} + O_2H^+$$

在光照条件下，光子的入射可以促使 Fe^{3+} 迅速还原为 Fe^{2+}，并产生羟基自由基，这个过程被称为光芬顿催化[7]。此外，当金属离子为 Cu^{2+} 时，也发生类似的催化氧化反应，此时该反应常被称为类芬顿催化。那么，CDs@

---

[1] WANG Z, LIU Q, YANG F, et al. Accelerated oxidation of 2, 4, 6-trichlorophenol in Cu（Ⅱ）/H$_2$O$_2$/Cl$^-$ system: A unique "halotolerant" Fenton-like process? [J]. Environment International, 2019, 132: 105128.

[2] MA J, JIA N, SHEN C, et al. Stable cuprous active sites in Cu$^+$-graphitic carbon nitride: Structure analysis and performance in Fenton-like reactions [J]. Journal of Hazardous materials, 2019, 378: 120782.

[3] XU L, WANG J. Magnetic nanoscaled Fe$_3$O$_4$/CeO$_2$ composite as an efficient Fenton-like heterogeneous catalyst for degradation of 4-chlorophenol [J]. Environmental Science and Technology, 2012, 46（18）: 10145-10153.

[4] WANG H, ZHANG L, HU C, et al. Enhanced Fenton-like catalytic performance of Cu-Al/KIT-6 and the key role of O$_2$ in triggering reaction [J]. Chemical Engineering Journal, 2020, 387: 124006.

[5] HUANG X, ZHU N, MAO F, et al. Enhanced heterogeneous photo-Fenton catalytic degradation of tetracycline over yCeO$_2$/Fh composites: Performance, degradation pathways, Fe^{2+} regeneration and mechanism [J]. Chemical Engineering Journal, 2020, 392: 123636.

[6] PIGNATELLO J J, OLIVEROS E, MACKAY A. Advanced oxidation processes for organic contaminant destruction based on the Fenton reaction and related chemistry [J]. Critical Reviews in Environmental Science and Technology, 2006, 36（1）: 1-84.

[7] DU Z, LI K, ZHOU S, et al. Degradation of ofloxacin with heterogeneous photo-Fenton catalyzed by biogenic Fe-Mn oxides [J]. Chemical Engineering Journal, 2020, 380: 122427.

CuO_x 的催化表现是否与类芬顿催化相同呢?为此,笔者进行了如下对比实验。

首先,探究了可自生双氧水的 CuO_x 与纯的 CuO 在酸性条件下的催化活性,仍然以 TMB 作为催化底物。由图 3-13 可以看出,CuO_x 远优于纯的 CuO,这可能与 CuO_x 产生的双氧水有关。考虑到这个因素,在 CuO 体系中添加一定的 H_2O_2 进行比较。此时,二者可以形成类芬顿体系,催化反应会加快。但是从催化速度的变化趋势中可见,CuO_x 几乎保持线性增长,而 CuO 的增长速度在经历一定时间后逐渐下降。这一现象可归因于外源 H_2O_2 的消耗,有力地显示了自供 H_2O_2 的独特性质。需要说明的是,此处的 CuO 是采用文献中报道的水热法[①] 合成的,即将 20 mL 0.8 M NaOH 滴入 20 mL 0.2 M $Cu(NO_3)_2$ 溶液,然后将带有蓝色沉淀的溶液转移到反应釜中,在 180 ℃ 条件下保温 2 h。降到室温后,收集沉淀并离心洗涤 3 次,并于 60 ℃ 真空干燥箱中干燥 4 h。此外,$CDs@CuO_x$ 与类芬顿体系的对比也显示了自供 H_2O_2 的优势(图 3-14)。

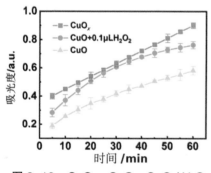 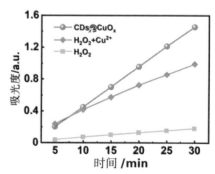

图 3-13 CuO_x、CuO、CuO/H_2O_2 对 TMB 的光催化效果比较

图 3-14 $CDs@CuO_x$ 与类芬顿体系 Cu^{2+}($CuCl_2·2H_2O$ 1 mg)/H_2O_2(10 μL)及 H_2O_2(10 μL)的比较

---

① ZHANG Q, ZHANG K, XU D, et al. CuO nanostructures: Synthesis, characterization, growth mechanisms, fundamental properties, and applications [J]. Progress in Materials Science, 2014, 60: 208-337.

为了获得 CDs@CuO$_x$ 和 CuO$_x$ 的能带结构，分别用 Mott–Schottky（M–S）和 XPS 价谱测试来测量导带（CB）和价带（VB）。其中，M–S 法的测试原理详见 2.4.3 小节。如图 3-15 所示，通过对不同频率下的曲线激增部分做切线，几条切线汇于一点并与 x 轴相交于一点，该点即为半导体的平带位置，并由其切线斜率为正推断其为 n 型半导体，从而其导带电位可近似为平带电位。同时，根据式（2-2），可以计算出 CDs@CuO$_x$ 和 CuO$_x$ 的载流子浓度分别为 $N_{\text{d (CDs@CuO}_x\text{)}}$ = 6.0×10^{20} cm^{-3}，$N_{\text{d (CuO}_x\text{)}}$ = 4.59×10^{20} cm^{-3}。通过数值比较可知，CDs@CuO$_x$ 本征载流子浓度也高于 CuO$_x$。另外，XPS 的价带谱可以通过做切线与 x 轴相交得到。

由以上数据处理可以得到，CuO$_x$ 的 VB 值和 CB 值分别为 1.94 V 和 0.38 V（与 NHE 相比），而 CDs@CuO$_x$ 的 VB 和 CB 分别为 2.14 V 和 −0.18 V（与 NHE 相比）。将二者共同绘制于图 3-16（d）中。结合 TEM 结果来看，CDs 可以与 CuO$_x$ 结合形成异质结构，从而扩大了带隙。

活性物质的生成与半导体的带隙结构紧密相关，适当的导带与价带位置可以与活性物质的生成电位相匹配，从而产生活性物，如羟基自由基或超氧自由基等。另外，光生载流子（电子与空穴）本身也可攻击目标有机物的特定位点，直接发生氧化或还原反应。为推断活性物质在 CDs@CuO$_x$ 光催化过程中起到的作用，笔者分别进行了活性物质捕获与检测实验。

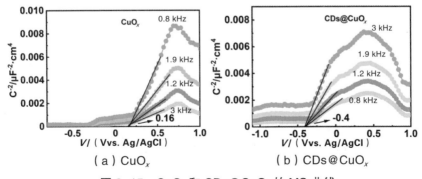

图 3-15　CuO$_x$ 和 CDs@CuO$_x$ 的 MS 曲线

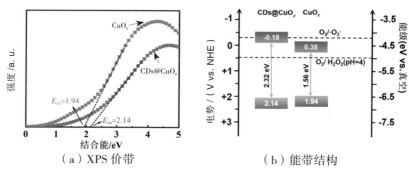

（a）XPS 价带　　　　（b）能带结构

图 3-16　XPS 价带和能带结构

在活性物质捕获实验中，分别选用乙二胺四乙酸二钠（EDTA-2Na）、抗坏血酸（VC）与异丙醇（IPA）作为空穴、超氧自由基与羟基自由基的牺牲剂。通过牺牲剂与某种活性物质的特异性结合对催化效果产生的影响来判断该活性物质对催化的贡献。图 3-17 显示 EDTA-2Na 与 VC 的加入使催化效果大大降低，表明 h^+ 和 $·O_2^-$ 对催化起到了主导促进作用。同时，·OH 对氧化反应的影响较小。这与类芬顿催化中 ·OH 的主导作用不同，这种推测也被对苯二甲酸 PL（TA-PL）探针[①②] 测试证实（图 3-18），无论对于 CDs@CuO$_x$ 还是 CuO$_x$，TA 的氧化产物的吸光度都很低，表明生成量很少。而 $·O_2^-$ 自由基的存在通过氯化硝基四氮唑蓝（NBT）的特征峰下降得到了证实，因为它可以被 $·O_2^-$ 自由基还原生成蓝色甲䐶[③④]。

---

① NOSAKA Y, NOSAKA A Y. Generation and detection of reactive oxygen species in photocatalysis [J]. Chemical Reviews, 2017, 117（17）: 11302-11336.

② HAN M, ZHU S, LU S, et al. Recent progress on the photocatalysis of carbon dots: Classification, mechanism and applications [J]. Nano Today, 2018, 19: 201-218.

③ YANG Y, ZHANG C, HUANG D, et al. Boron nitride quantum dots decorated ultrathin porous g-C$_3$N$_4$: Intensified exciton dissociation and charge transfer for promoting visible-light-driven molecular oxygen activation [J]. Applied Catalysis B: Environmental, 2019, 245: 87-99.

④ CHANG Q, YANG W, LI F, et al. Green, energy-efficient preparation of CDs-embedded BiPO$_4$ heterostructure for better light harvesting and conversion [J]. Chemical Engineering Journal, 2020, 391: 123551.

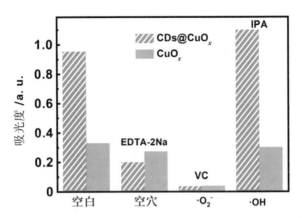

图 3-17 添加 h^+、$·O_2^-$、·OH 牺牲剂前后的光催化效率

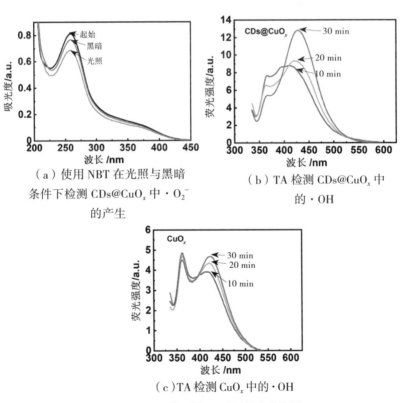

（a）使用 NBT 在光照与黑暗条件下检测 CDs@CuO$_x$ 中 $·O_2^-$ 的产生

（b）TA 检测 CDs@CuO$_x$ 中的 ·OH

（c）TA 检测 CuO$_x$ 中的 ·OH

图 3-18 苯二甲 PL 探针测试结果

通过对以上实验结果的分析，笔者推测了 CDs@CuO$_x$ 的光催化机理。CDs@CuO$_x$ 和典型光助芬顿体系的催化机理示意图如图 3-19 所示。

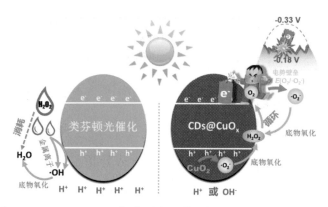

图 3-19 CDs@CuO$_x$ 与典型光助芬顿体系的光催化机理示意图

在一般的光辅助催化过程中，光激发在光催化剂上产生分离的 e$^-$ 和 h$^+$，然后它们从本体转移到表面。它们可直接参与化学反应，也可以先与 H$_2$O、O$_2$ 等反应生成活性自由基，然后活性自由基起到催化作用促进反应进行。外部供给的 H$_2$O$_2$ 和 O$_2$ 只有在扩散和吸附过程后才能加入化学反应，这可能成为限制步骤。同时，H$_2$O$_2$ 的持续消耗需要不断的供给，特别是光辅助芬顿或类芬顿催化。而根据实际得到的试验结果，预测自供给的过氧基团（O$_2^{2-}$）可以直接与 h$^+$ 反应，并原位生成·O$_2^-$：

$$O_2^{2-} + h^+ \longrightarrow \cdot O_2^-$$

在 pH = 4 和 pH = 8.2 时，该反应的适宜电势分别为 1.25 V 和 0.75 V（相对于 NHE），且均在 CDs@CuO$_x$ 的带隙范围内。此时原位·O$_2^-$ 作为活性物质提高底物的氧化速率，方程中以 TMB 为例：

$$\cdot O_2^- + TMB + 2H^+ \longrightarrow TMB - ox + H_2O_2$$

在此过程中形成的 H$_2$O$_2$ 可以分解为 O$_2$ 和 H$_2$O，尤其是在光催化剂的表面，考虑到 CDs@CuO$_x$ 和 CuO$_x$ 具有独特的光催化作用，推测 O$_2$ 可以随后捕获 CDs@CuO$_x$ 表面的电子并再次生成·O$_2^-$，而 CuO$_x$ 则不能。

$$2H_2O_2 \longrightarrow 2H_2O + O_2$$

·O$_2^-$/O$_2$ 的反应电位为 −0.33 V（相对于 NHE），其中，O$_2$ 为溶液中

的溶解氧[1][2]。

$$O_2 + e^- \longrightarrow \cdot O_2^-$$

对于 CDs@CuO$_x$，虽然导带最高能级为 –0.18 V（相对于 NHE），但原位生成的 O$_2$ 可以免除溶解氧的扩散和吸附过程中的能量消耗，得以直接参与反应，显著降低了势垒，因此实现了 O$_2$ 向 $\cdot$O$_2^-$ 的转化。

通过以上各步骤，活性物质完成了三者之间的转化，从而形成了 $\cdot$O$_2^-$ → H$_2$O$_2$ → O$_2$ → $\cdot$O$_2^-$ 的反应闭环，有效消除了载流子的积累。除此之外，CDs@CuO$_x$ 中的 CDs 可以协同加速载流子的转移，将氧固定在表面，抑制 e$^-$ 和 h$^+$ 的复合，从而有效加快化学反应循环（图 3-19）。

3.5 本章小结

为降低光生载流子在催化剂表面的累积，加速光催化反应速率，本章开发了一种可以产生自生双氧水的催化剂。以无烟煤为碳源，采用 H$_2$O$_2$ 氧化法获得 CDs 悬浊液，加入铜盐充分利用剩余双氧水，通过简便的共沉淀法制备得到了 CDs@CuO$_x$ 复合物，并研究了 CDs 与铜盐比例对催化性能的影响。然后用该复合物进行催化试验并探究了其催化机理，主要结论如下。

（1）在无烟煤制备 CDs 过程中的残余双氧水体系中，通过改变制备条件，得到了一系列不同配比的 CDs@CuO$_x$ 复合物。实验结果表明，当无

---

[1] HIRAKAWA T, YAWATA K, NOSAKA Y. Photocatalytic reactivity for O$_2^-$ and OH radical formation in anatase and rutile TiO$_2$ suspension as the effect of H2O2 addition［J］. Applied Catalysis A：General，2007，325（1）：105-111.

[2] KAKUMA Y, NOSAKA A, NOSAKA Y. Difference in TiO$_2$ photocatalytic mechanism between rutile and anatase studied by the detection of active oxygen and surface species in water［J］. Physical Chemistry Chemical Physics，2015，17：18691-18698.

烟煤 200 mg 与 30 mL 30% H_2O_2 的反应微滤液与 1.2 mmol $CuCl_2 \cdot 2H_2O$ 反应，室温常压，搅拌 15 h，采用 2.4 mmol NaOH 调节 pH > 8.0，沉淀洗涤真空干燥后，可得到对 TMB 具有最佳光催化效果的 CDs@CuO_x 纳米复合材料。

（2）XRD、TEM、XPS 和 FT-IR 等表征结果表明，CDs@CuO_x 中除了 CDs 与 CuO 外，还存在过氧化物 CuO_2，并由 $KMnO_4$ 中的褪色现象证实了由 CuO_2 引起的自生 H_2O_2 释放。

（3）利用 TMB 对制备样品进行了光催化试验，由动力学定量分析发现 CDs@CuO_x 的最高光催化速率是 CuO_x 的 35 倍之多。在碱性条件下，CDs@CuO_x 表现出对邻苯二胺（OPD）的高效光催化活性，而同样有 H_2O_2 参与的光芬顿催化在碱性条件下并无催化效果。同时，重复实验表明，在循环使用 3 次后，CDs@CuO_x 仍保持着 94% 的催化活性。

（4）分析表明，CDs@CuO_x 的高反应活性是通过扩大的能带带隙及过氧化氢循环转化的协同效应实现的。催化过程中形成了 $\cdot O_2^- \rightarrow H_2O_2 \rightarrow O_2 \rightarrow \cdot O_2^-$ 的反应闭环，有效消除了载流子的积累。同时，CDs 可以协同加速载流子的转移，将氧固定在表面，抑制 e^- 和 h^+ 的复合，有效加快化学反应循环。该工作通过自生双氧水触发光催化活性，为开发高效光催化剂提供了可借鉴的新途径。

4 CaO₂/CDs 纳米复合物的制备与光催化活性研究

4.1 引言

通过上一个工作的研究可知，自生双氧水可以有效触发催化剂的光催化活性，且金属过氧化物可以作为自生双氧水的来源。近年来，金属过氧化物已被广泛应用于有机物转化、污染物降解，甚至癌症治疗。但许多种类的过氧化物，特别是过渡金属过氧化物，需要在其他物质的辅助下才能生成并稳定存在。相比之下，碱金属与碱土金属的过氧化物本身可以稳定存在，如过氧化钠（Na_2O_2）常被用于潜艇等密闭空间中的换气剂，过氧化钙（CaO_2）则常被用于水产养殖与污泥改性中的供氧剂等。其中，CaO_2 作为一种多用途的全绿色材料，近年来在水处理、环境修复等方面得到了广泛的研究，甚至在化学动力治疗方面也得到了应用[1]。CaO_2 仅由温和的钙离子和氧元素组

---

[1] ZHANG S, CAO C, LV X, et al. A H₂O₂ self-sufficient nanoplatform with domino effects for thermal-responsive enhanced chemodynamic therapy [J]. Chemical Science, 2020, 11 (7): 1926-1934.

成，不会对环境和生物造成危害。不仅如此，它还被用于细胞工程中，如通过原位生成 O_2 克服细胞缺氧引起的癌细胞增殖问题[①]。此外，由于 CaO_2 本身可以提供自生 H_2O_2，因此也被用于和芬顿试剂共同使用，CaO_2/Fenton 体系中不仅可以生成羟基自由基（·OH），超氧自由基（·O_2^-）[②] 和单线态氧（^1O）也有报道[③④]。生成的活性氧（ROS）可以通过电子转移、去氢和亲电加成反应与有机化合物如 2, 4, 6-三硝基甲苯、甲苯和 2, 4-二氯苯酚等进行反应[⑤]。

然而，尽管 CaO_2 具有上述诸多优点，但将其用于光催化仍需解决以下问题。首先，CaO_2 具有较宽的带隙，因此光照下产生的光生载流子有限，需要通过外部刺激，如臭氧、紫外线辐射等激发产生更多的活性氧产生[⑥]。然而考虑到实用性与经济性，这种策略显然可行性不高。其次，当作为

---

① PI L, CAI J, XIONG L, et al. Generation of H_2O_2 by on-site activation of molecular dioxygen for environmental remediation applications: A review [J]. Chemical Engineering Journal, 2020, 389: 123420.

② ZHANG S, WEI Y, METZ J, et al. Persistent free radicals in biochar enhance superoxide-mediated Fe (Ⅲ)/Fe (Ⅱ) cycling and the efficacy of CaO_2 Fenton-like treatment [J]. Journal of Hazardous materials, 2021, 421: 126805.

③ LIU L H, ZHANG Y H, QIU W X, et al. Dual-stage light amplified photodynamic therapy against hypoxic tumor based on an O_2 self-sufficient nanoplatform [J]. Small, 2017, 13 (37): 1701621.

④ CHEN M, CHEN Z, WU P, et al. Simultaneous oxidation and removal of arsenite by Fe (Ⅲ)/CaO_2 Fenton-like technology [J]. Water Research, 2021, 201: 117312.

⑤ ZHANG Y, XIAO Y, ZHONG Y, et al. Comparison of amoxicillin photodegradation in the UV/H_2O_2 and UV/persulfate systems: Reaction kinetics, degradation pathways, and antibacterial activity [J]. Chemical Engineering Journal, 2019, 372: 420-428.

⑥ ROSENFELDT E J, LINDEN K G, CANONICA S, et al. Comparison of the efficiency of ·OH radical formation during ozonation and the advanced oxidation processes O_3/H_2O_2 and UV/H_2O_2 [J]. Water Research, 2006, 40 (20): 3695-3704.

H_2O_2 的替代物与芬顿试剂构成高级氧化体系时[①], Fe^{2+} 的不稳定性阻碍了其在碱性多相催化中的应用。因此,需要选择适宜的材料与 CaO_2 结合,以改善能带结构并提高光催化性能。近年来,CDs 因其卓越的可见光转化能力,在光催化领域异军突起,与复合铜的氧化物取得了良好的催化活性。因此,本章将煤基 CDs 与 CaO_2 进行复合物构筑,制备了具有异质界面的 CaO_2/CDs 复合物,并通过改变实验参数获得了适宜的光催化反应条件。此外,还比较了复合物 CaO_2/CDs 与单独 CaO_2 的光催化性能,重点探讨了 CDs 对可见光的转化原理及对复合物自生 H_2O_2 释放与活化的影响,最后通过对能带结构与活性自由基的分析揭示了 CaO_2/CDs 的光催化机理。

4.2 样品制备与表征

4.2.1 样品制备方法

CaO_2/CDs 与 CaO_2 的制备方法如下。

采用室温下的共沉淀法合成了 CaO_2/CDs 与 CaO_2 纳米材料。选用 PEG200 作为反应溶剂体系,在相关文献的基础上进行了优化[②]。制备 CaO_2 的具体操作步骤为:将 0.1 g 无水 $CaCl_2$ 溶入 1 mL 去离子水中得到 $CaCl_2$ 水溶液,加入 40 mL PEG200,搅拌至混合均匀。先后加入 1 mL 1 mol/L 氨水溶液与 0.5 mL 30% 的 H_2O_2,双氧水的添加分为 5 次,每

[①] KONG H, CHU Q, FANG C, et al. Cu-ferrocene-functionalized CaO_2 nanoparticles to enable tumor-specific synergistic therapy with GSH depletion and calcium overload [J]. Advanced Science, 2021, 8 (14): e2100241.

[②] LIU L H, ZHANG Y H, QIU W X, et al. Dual-stage light amplified photodynamic therapy against hypoxic tumor based on an O_2 self-sufficient nanoplatform [J]. Small, 2017, 13 (37): 1701621.

次 100 μL，每隔 5 min 添加一次，并缓慢逐滴加入。搅拌 120 min 后，滴加 1 mol/L NaOH 调节 pH 值至 11.5。搅拌 30 min 后，用水和乙醇将沉淀物洗涤 3 次，置于乙醇中保存。

CaO_2/CDs 的合成与 CaO_2 相似，只需在添加双氧水之前向溶液中加入 CDs。此处使用的是煤沥青 CDs，由于表面官能团的影响，其在有机体系及碱性环境下更易均匀分散，因此在溶有氨水的 PEG200 体系中的分散性很好，液体澄清无肉眼可见颗粒且丁达尔效应明显。此外，为探究 $CaCl_2$ 与 CDs 的最佳比例，在 $CaCl_2$ 添加质量均为 0.1 g 的情况下改变 CDs 的添加量，分别取 5 mg、10 mg、15 mg、20 mg 构成 4 个比例得到了对应的复合物。

在 CaO_2 的合成过程中，先后发生了两个化学反应步骤。第一个过程是在 NaOH 提供的碱性条件下，将 Ca^{2+} 转化为 $Ca(OH)_2$。然后 $Ca(OH)_2$ 与 H_2O_2 反应生成 CaO_2，总化学反应式[①②]：

$$Ca^{2+} + H_2O_2 + 2OH^- \longrightarrow CaO_2 + 2H_2O$$

此处，加入 $NH_3 \cdot H_2O$ 的目的是利用 NH_4^+ 与金属离子的络合反应减缓 Ca^{2+} 与 OH^- 的结合速率。而以 PEG200 为溶剂，能有效地保护产生的氧化钙免于水解，合成原理示意图如图 4-1 所示。

---

① LIU L H, ZHANG Y H, QIU W X, et al. Dual-stage light amplified photodynamic therapy against hypoxic tumor based on an O_2 self-sufficient nanoplatform [J]. Small, 2017, 13 (37): 1701621.

② LI X, XIE Y, JIANG F, et al. Enhanced phosphate removal from aqueous solution using resourceable nano-CaO_2/BC composite: Behaviors and mechanisms [J]. Science of the Total Environment, 2020, 709: 136123.

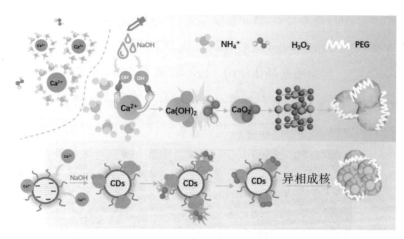

图 4-1 　CaO_2 与 CaO_2/CDs 的合成原理示意图

通过测量各反应物质的 Zeta 电位数据可知，由于 CDs 具有较强的 Zeta 电位（图 4-2），加入 CDs 改变了 Ca^{2+} 在溶液中的分散状态。由于静电作用，Ca^{2+} 倾向于吸附在 CDs 表面。随后 Ca^{2+} 与 NaOH 的反应直接在 CDs 表面发生，形成的 CaO_2 通过异质形核包覆在 CDs 表面，使得整体 Zeta 值大幅度减小，变得不稳定而析出。

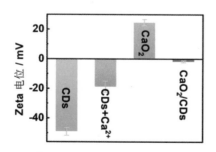

图 4-2 　CDs、CDs+Ca^{2+}、CaO_2 与 CaO_2/CDs 在 PEG200 中的 Zeta 电位

4.2.2　复合物形貌与结构分析

CaO_2 和 CaO_2/CDs 在颜色和形貌上也有明显区别（图 4-3）。CaO_2 本身为淡黄色，加入 CDs 后变为棕褐色，与 CDs 颜色近似。而扫描电镜图像

则显示了二者的显著差异，CaO_2 样品中均匀分布着片层状晶体结构，片层生长完全，大小在 500 nm 以上。而 CaO_2/CDs 颗粒呈细碎的颗粒状，尺寸远比 CaO_2 小，且无明显晶体结构。较小的尺寸可能与 CaO_2/CDs 合成中的非均相形核有关。因为当有外界晶核存在时，不需要克服表面自由能自发形核，从而可以加快形核速度，并得到颗粒较小的纳米结构。

图 4-3　CaO_2（a～c）与 CaO_2/CDs（d～f）样品在不同放大倍数下的扫描电子显微镜图像

由 CaO_2/CDs 的 EDX 元素含量半定量分析结果（表 4-1）可知，Ca 与 O 的质量分数分别为 31.9% 与 26.95%，可以计算得到二者的摩尔比为 0.47，与 CaO_2 中二者的摩尔比 0.5∶1 近似，因此可以认为 CaO_2/CDs 中的 Ca 与 O 元素均以 CaO_2 存在。此外，碳含量达到了 23.97%，说明 CDs 与 CaO_2 进行了有效复合。

表 4-1　EDS 分析得到的 CaO_2/CDs 中的元素含量

元素	质量分数 /%
Ca	31.91
O	26.95
C	23.97

图 4-4（a）中的 X 射线衍射（XRD）分析结果展现了制备样品在物相和结晶度方面的差异。单一的 CaO_2 具有较好的结晶度，峰值更尖，强度更高，而 CaO_2/CDs 的结晶度则较差，这与样品 SEM 表征结果吻合。两样品的衍射峰大部分重合，特征峰出现在 30.3°、35.6°、47.3° 和 53.2°，分别对应四方晶系的 CaO_2（JCPDS NO. 03-0865）中的（002）、（110）、（112）、（103）晶面。只有 CaO_2/CDs 在 25° 左右出现了一个较平缓的峰，这与 CDs 的（002）特征峰一致（图 4-5）[①②]，说明复合物中的确有 CDs 存在。

图 4-6 中的 X 射线光电子能谱（XPS）显示了 CaO_2/CDs 与 CaO_2 中 O、Ca 和 C 元素的存在。O 1s 精细谱中位于 530.8 eV、531.6 eV、532.5 eV、533.3 eV 的峰分别对应着 Ca—O、C=O、O—O 和 C—O 键[③]。在 C 1s 光谱中，284.4 eV、286.2 eV、288.2 eV、289.3 eV 位置处的峰分别对应于 C—C、C—O、C=O、—COOH，它们是 CDs 中碳核结构和官能团的特征键合[64]。因此，也证明了 CaO_2 与 CDs 同时存在。

---

① MENG X, CHANG Q, XUE C, et al. Full-colour carbon dots: from energy-efficient synthesis to concentration-dependent photoluminescence properties [J]. Chemical Communications, 2017, 53（21）: 3074-3077.

② WEI S, FENG K, LI C, et al. ZnCl2 enabled synthesis of highly crystalline and emissive carbon dots with exceptional capability to generate O_2^- [J]. Matter, 2020, 2（2）: 495-506.

③ SONG X, CHEN P, LUO X, et al. A novel laminated Fe_3O_4/CaO_2 composite for ultratrace arsenite oxidation and adsorption in aqueous solutions [J]. Journal of Environmental Chemical Engineering, 2019, 7（5）: 103427.

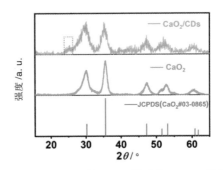

图 4-4　CaO_2/CDs，CaO_2 的 XRD 结果与 CaO_2 的标准 PDF 卡片

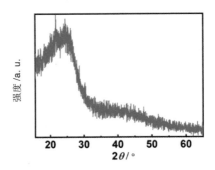

图 4-5　CDs 的 XRD 结果

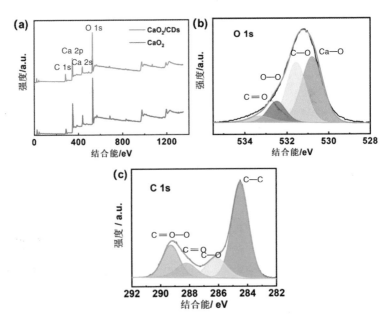

图 4-6　XPS（a）总谱及 O 1s（b）和 C 1s（c）的 XPS 精细谱

透射电子显微镜（TEM）图像（图 4-7）显示了 CaO_2/CDs 是由均匀的类球状结构构成的聚集物。在 HRTEM 图像中 CaO_2 很容易分辨，间距为 0.29 nm 和 0.25 nm 的晶面分别对应于 CaO_2 的（002）和（110）晶面。在一个较大的晶粒结构中，CDs 以无定型结构存在，两侧均连接着 CaO_2 的特征晶面（晶面间距分别为 0.29 nm 与 0.25 nm），结合二者的合成过程与合成机理推断，CaO_2 和 CDs 之间存在异质界面。

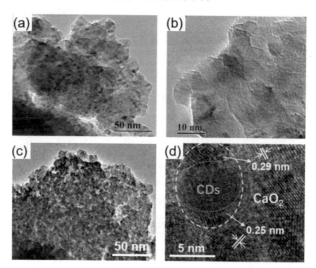

图 4-7　CaO_2（a～b）与 CaO_2/CDs（c～d）样品的低倍率与高倍率透射电子显微镜图像

图 4-8 中的 EDX 元素定性分析结果显示了 Ca、O 和 C 三种元素存在于 CaO_2/CDs 中，且可以推断 CaO_2 和 CDs 的均匀分布。此外，FT-IR 曲线上 875 cm^{-1} 处的峰值属于 O—O 振动，而 1 410 cm^{-1} 和 1 490 cm^{-1} 处的峰值对应着 O—Ca—O 振动，这个结果也证明了 CaO_2 的稳定存在[①]。

---

① ZHANG S, WEI Y, METZ J, et al. Persistent free radicals in biochar enhance superoxide-mediated Fe（Ⅲ）/Fe（Ⅱ）cycling and the efficacy of CaO_2 Fenton-like treatment［J］. Journal of Hazardous materials, 2021, 421: 126805.

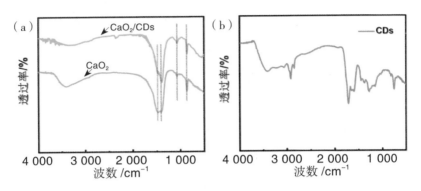

图 4-8 CaO_2/CDs 与 CaO_2(a)、CDs(b) 的 FT-IR 光谱

4.3 CaO_2/CDs 的光催化性能研究

4.3.1 光催化氧化 TMB 性能分析

为探究制备过程中前驱体的最佳比例,改变 CDs 的加入量,分别取 5 mg、10 mg、15 mg、20 mg 获得制备产物。由于在类过氧化物酶催化剂存在下,3,3′,5,5′-四甲基联苯胺(TMB)可被 H_2O_2 氧化,因此选择它来判断制备样品的催化性能[1][2]。通常,TMB 的最佳反应条件是在 pH = 4 的酸性溶液中,而 CaO_2 能够在酸性水溶液中水解并释放 H_2O_2。因此,调节 pH = 4,并由 0.1 M NaAc-HAc 缓冲溶液提供稳定的酸性环境。对制备得到的四种不同比例的复合物进行光催化活性对比,由图 4-9 中的结果可知,无水氯化钙与碳点质量为 10 mg 和 15 mg 时,可以获得最高的催化效率,

---

[1] LI S, PANG E, GAO C, et al. Cerium-mediated photooxidation for tuning pH-dependent oxidase-like activity [J]. Chemical Engineering Journal, 2020, 397: 125471.

[2] CHEN B B, LIU M L, HUANG C Z. Carbon dot-based composites for catalytic applications [J]. Green Chemistry, 2020, 22(13): 4034-4054.

这可能与复合物中异质界面的形成效果有关。

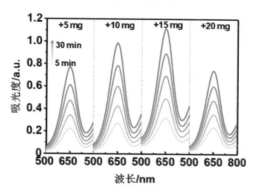

图 4-9 不同 CDs 添加量得到的样品的催化 TMB 能力对比

由图 4-10 可见，CaO_2/CDs 和 CaO_2 对 TMB 的催化作用表现出显著差异。在可见光照射下，CaO_2/CDs 的催化速率明显快于 CaO_2；黑暗条件下，CaO_2/CDs 和 CaO_2 均表现出催化活性减弱，而 CaO_2/CDs 仍比单一的 CaO_2 表现更好［图 4-10（a）］。另外，在一系列浓度条件下，探究了二者对 TMB 的催化效果，并得到每个浓度条件下相应的反应速率，再根据朗伯 – 比尔定律，将吸光度换算为浓度，将浓度与速率绘制在一张图中［图 4-10（b）、图 4-10（c）］。根据米氏方程对曲线进行拟合，获得纳米酶的动力学定量数据［图 4-10（d）］。由结果可知，CaO_2/CDs 和 CaO_2 的最大催化速度（v_{max}）分别为 1.54 μL·min^{-1} 和 0.73 μL·min^{-1}，K_m（酶对底物的亲和能）分别为 0.26 mM 和 0.69 mM。即 CaO_2/CDs 的最大催化速率较 CaO_2 高 2.1 倍，且亲和能更小。亲和能反映了催化剂与催化底物的有效结合，因此实验数据从两方面都表明了 CaO_2/CDs 的光催化活性优于 CaO_2。

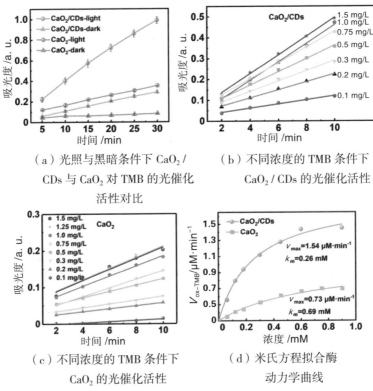

(a) 光照与黑暗条件下 CaO_2/CDs 与 CaO_2 对 TMB 的光催化活性对比

(b) 不同浓度的 TMB 条件下 CaO_2/CDs 的光催化活性

(c) 不同浓度的 TMB 条件下 CaO_2 的光催化活性

(d) 米氏方程拟合酶动力学曲线

图 4-10 CaO_2/CDs 和 CaO_2 对 TMB 的催化作用

4.3.2 自生双氧水在不同 pH 值下的释放实验

双氧水在光催化中起着重要作用。CaO_2 在水中会缓慢水解,并释放 H_2O_2,其速率取决于 pH 值:

$$CaO_2 + 2H_2O \longrightarrow Ca(OH)_2 + H_2O_2$$

作为催化反应中的关键因素,通过典型的 H_2O_2 指示剂 $KMnO_4$ 的褪色,可以明显地观察到自供给 H_2O_2 的产生(图 4-11)。

4 CaO$_2$/CDs 纳米复合物的制备与光催化活性研究

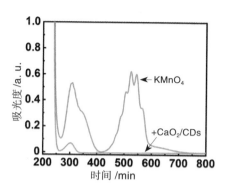

图 4-11 酸性条件下添加 CaO$_2$/CDs 前后 KMnO$_4$ 的吸光度对比

为定量测定 H$_2$O$_2$ 的生成量,以草酸钛钾(Ⅳ)为标定物[①],其与双氧水反应产物的吸收峰在 400 nm 附近,其标准紫外-可见吸收曲线如图 4-12 所示,结果反映吸收值与 H$_2$O$_2$ 含量呈线性关系,可用于 H$_2$O$_2$ 的定量检测。

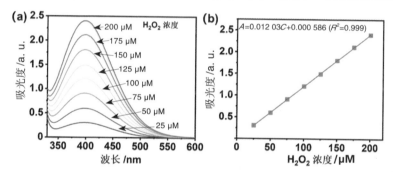

图 4-12 用草酸钛钾试剂标定不同浓度的 H$_2$O$_2$(a)及其标准拟合曲线(b)

测定 CaO$_2$ 在不同 pH 的酸性水溶液中的双氧水释放量随时间的变化(图 4-13),pH 由 NaAc-HAc 缓冲溶液调节。分别在 30 s 及 1 min、2 min、4 min、6 min、60 min 处取溶液进行检测,发现初始阶段双氧水的产生速率较快,在 6~60 min 内的释放量几乎和前 6 min 的总量相同。此外,随 pH 值升高,双氧水的释放速率减慢。在较宽 pH 范围内(pH = 4~9)

---

① SELLERS R M. Spectrophotometric determination of hydrogen peroxide using potassium titanium(Ⅳ)oxalate[J]. Analyst, 1980, 105(1255): 950-954.

的双氧水释放实验同样体现了 pH 对水解的主导作用，此处的中性与碱性条件由 Tris-HCl 缓冲溶液提供。碱性条件下的双氧水生成在 10 min 后几乎停止，这可能与水解产物 Ca(OH)$_2$ 的溶度积常数有关（K_{sp} = 5.5 × 10^{-6}），由于 Ca(OH)$_2$ 是微溶物，产生后可能部分包覆在复合物表面，抑制了 CaO$_2$ 的持续水解。

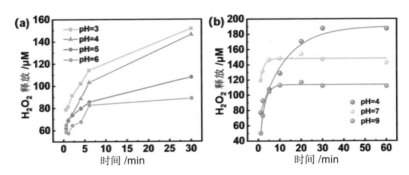

图 4-13　CaO$_2$ 在不同 pH 值时的 H$_2$O$_2$ 释放规律（a）及 CaO$_2$/CDs 在较大 pH 值跨度内的双氧水释放速率（b）

4.3.3　光催化氧化 OPD 活性与重复利用实验

酸性条件下充足的双氧水释放量使得 TMB 的光催化效果提升显著，碱性条件下双氧水供应则受到了一定的限制。考虑 TMB 因其自身溶解度的限制无法在高碱性环境（pH = 11）中氧化，为探究其在较宽 pH 范围内的光催化活性，使用盐酸四环素（TC）作为反应底物（图 4-14）。TC 的吸收峰会随 pH 变化发生偏移，在该碱性条件下的峰值位于 383 nm 左右，因此，使用紫外-可见分光光度计对其浓度进行跟踪检测。在光强为 100 mW/cm^2 的可见光照射下，峰值随时间下降，并且反应速率呈现逐渐缓慢的趋势，接近于准一级反应[①]。在光催化氧化反应 60 min 内，CaO$_2$/CDs

---

① XIE Z, FENG Y, WANG F, et al. Construction of carbon dots modified MoO$_3$/g-C$_3$N$_4$ Z-scheme photocatalyst with enhanced visible-light photocatalytic activity for the degradation of tetracycline [J]. Applied Catalysis B: Environmental, 2018, 229: 96-104.

的光催化速率是单一 CaO_2 的 1.4 倍。

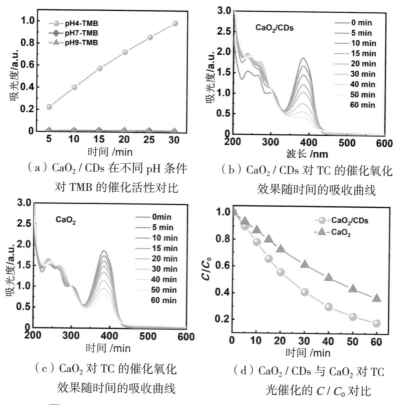

图 4-14　CaO_2 / CDs 和 CaO_2 对 TC 的催化效果比较

芬顿反应也有双氧水的参与，但在同样的碱性条件下是否也可以表现出催化活性呢？选用典型的 Fenton 试剂 Fe_3O_4 与 H_2O_2 在酸性溶液中对 TMB 进行催化，其表现出优异的催化性能（图 4-15），但在碱性条件下，该体系对 TC 几乎没有催化效果，这证实了芬顿催化的局限性。笔者推测是因为碱性溶液引发的水解反应阻碍了铁和铜离子不同价态之间的转换，抑制了芬顿催化反应进行。由以上对比实验可知，碱性条件下 CaO_2 或 CaO_2 / CDs 的氧化活性不仅与 H_2O_2 相关，还与光催化剂的固有属性密切相关。CDs 的引入拓宽了 CaO_2 / CDs 复合物的光催化适用 pH 区间。

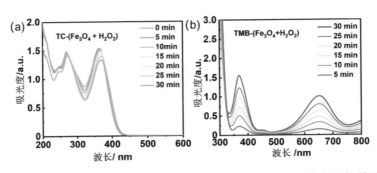

图 4-15　Fe_3O_4 与 H_2O_2 体系对 TC（a）与 TMB（b）的光催化效果

光催化剂的循环使用性能在实际应用中非常重要，因此笔者在碱性环境中进行了多次 CaO_2/CDs 催化实验（图 4-16）。CaO_2/CDs 在光催化降解 TC 后，仍然保持和初始时相同的颜色［图 4-16（a）］，且重复三次后仍保持着和初始相同的降解表现［图 4-16（b）至图 4-16（e）］。将四次测试 60 min 内的 C/C_0 值汇总于图 4-16（f）中，发现四次的降解效率几乎相同，证实了 CaO_2/CDs 在碱性条件下具有优良的循环使用性能。

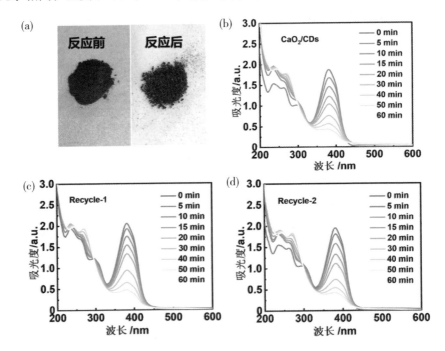

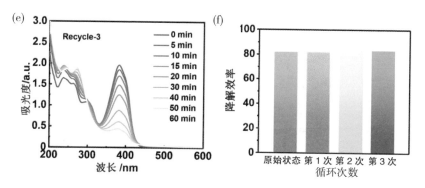

图 4-16 碱性环境下 CaO_2/CDs 的循环使用性能测试

4.4 CaO_2/CDs 的光催化机理研究

为揭示 CDs 如何影响 CaO_2/CDs 在可见光下的光催化行为，笔者进行了如下研究。首先测试了 CaO_2/CDs、CaO_2 及 CDs 的紫外-可见漫反射光谱，图 4-17 显示 CaO_2 的最佳吸收主要分布在紫外区域，400～600 nm 范围内有一个平缓的峰，对应着 CaO_2 的吸收边缘。CDs 的吸收范围从紫外持续到整个可见光区域。而 CaO_2/CDs 继承了两者共同的吸收特性，显示出更宽的吸收范围，由紫外光区一直延伸到可见光区，吸收边缘延至 650 nm 附近。为探究入射波长与催化作用之间的关系，选用 450 nm、500 nm、550 nm、600 nm、650 nm、700 nm 滤光片得到对应的单色光，并统一在 60 mW/cm² 光强下进行催化实验。图 4-18 中，CaO_2/CDs 在每个入射波长处的催化效率均高于 CaO_2，并且这种优势持续到波长为 650 nm 处。由结果推测，CDs 调控下的可见光吸收的增加是提高光催化活性的原因之一。

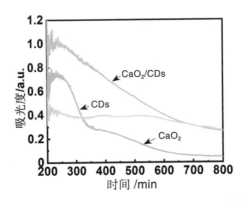

图 4-17 CaO_2/CDs、CaO_2 与 CDs 的紫外-可见漫反射光谱

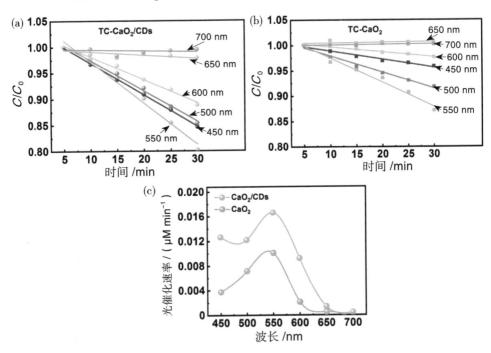

图 4-18 不同单色光照射下 CaO_2/CDs（a）与 CaO_2（b）对 TC 的光催化浓度变化曲线及二者对 TC 的光催化速率对比（c）

此外，催化活性的另一个重要因素是电荷的转移效率。瞬态光电流响应可以反映复合材料中的电荷转移行为。在图 4-19 中，CaO_2/CDs 显示由

可见光激发的光电流比单个 CaO_2 高得多，表明 CaO_2/CDs 的光生电荷分离和转移效率更高。在电化学阻抗谱（EIS）结果中，CaO_2/CDs 的能奎斯特半径较小，也表明其电荷转移电阻低于 CaO_2[1][2][3]。综合以上结果可知，CaO_2/CDs 的光生电荷与迁移效率均高于 CaO_2，说明 CDs 改善了该复合物的光响应性质。

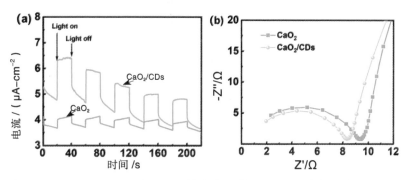

图 4-19　CaO_2/CDs 和 CaO_2 的光电流结果（a）及能奎斯特图（b）

值得一提的是，在 H_2O_2 释放实验中，可观察到光照激励下 H_2O_2 产量的提升。在 pH=4 的缓冲体系中，CaO_2/CDs 在长达 90 min 的可见光照射下，表现出比单一 CaO_2 更高的 H_2O_2 产率（图 4-20）。由此可以推测，CaO_2/CDs 中更多的载流子数量可以参与活性物质的生成反应，从而提供了更多的 H_2O_2。此外，速度逐渐下降并最终达到饱和与过氧化氢的自分解反应有关，当光照时间较长时，可达到生成与分解的动态平衡。

---

[1] MA D, SHI J-W, SUN L, et al. Knack behind the high performance CdS/ZnS-NiS nanocomposites: Optimizing synergistic effect between cocatalyst and heterostructure for boosting hydrogen evolution [J]. Chemical Engineering Journal, 2022, 431: 133446.

[2] MAO S, SHI J-W, SUN G, et al. Cu（Ⅱ）decorated thiol-functionalized MOF as an efficient transfer medium of charge carriers promoting photocatalytic hydrogen evolution [J]. Chemical Engineering Journal, 2021, 404: 126533.

[3] SUN G, XIAO B, ZHENG H, et al. Ascorbic acid functionalized CdS-ZnO core-shell nanorods with hydrogen spillover for greatly enhanced photocatalytic H_2 evolution and outstanding photostability [J]. Journal of Materials Chemistry A, 2021, 9（15）: 9735-9744.

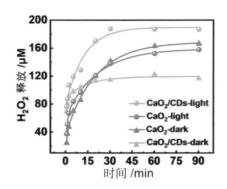

图 4-20　CaO_2 / CDs 与 CaO_2 在光照与黑暗条件下的 H_2O_2 释放

光照产生的丰富载流子还可促进自生 H_2O_2 的活化，从而参与催化有机物的反应中。将 CaO_2 原位自生的 H_2O_2 与外加 H_2O_2 进行了对比，对比实验在 TMB 体系中进行。CaO_2、CDs 与相应的 H_2O_2 的量是按照 EDS 元素半定量结果计算得到的（表 4-1）。假设 CaO_2 全部参与转化为产生 H_2O_2 的反应，则根据化学计量比，CaO_2 与产生的 H_2O_2 含量应为 1∶1。同时除去因喷金引入的 Au 元素占比，可得 CaO_2 占的比例为（31.91 + 26.95）/（31.91 + 26.95 + 23.97）= 71%，而碳点占比为 100%-71% = 29%。因此，当 CaO_2 / CDs 取 2 mg 时，CDs 的对比量为 0.58 mg，CaO_2 为 1.42 mg，对应的 H_2O_2 体积则约为 2.0 μL。

如图 4-21 所示，与外部添加的 H_2O_2 相比，自生 H_2O_2 具有明显优势。这是因为在 CaO_2 表面产生的 H_2O_2 无须在溶液中经过扩散过程和催化剂上的吸附过程，直接接收光催化剂产生的电荷载体而活化。图 4-22 表明 CaO_2 / CDs 的光催化活性优于每种单一组分，并远超 CaO_2 和 CDs 催化效果的总和，可以猜想 CaO_2 / CDs 中的 CaO_2 和 CDs 不是简单的机械结合，而是这种复合材料的合适带隙，以及 CaO_2 和 CDs 之间的异质结构触发了电子和空穴在可见光下的分离，从而激活了自供给的 H_2O_2。

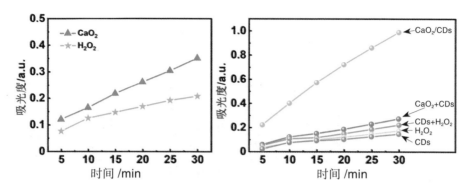

图 4-21 CaO$_2$ 中释放的 H$_2$O$_2$ 与外加 H$_2$O$_2$ 对 TMB 的光催化活性对比

图 4-22 CaO$_2$/CDs 与其单个或多个组分对 TMB 光催化活性的对比

此外，CaO$_2$ 在水溶液中可部分生成氧气，在容器壁上可观察到气泡[图 4-23（a）]。

$$2CaO_2 + 2H_2O \longrightarrow 2Ca(OH)_2 + O_2\uparrow$$

为知晓产生的氧气是否会参与甚至对光催化过程产生影响，笔者进行了通 N$_2$ 条件下的催化实验，目的是赶走 O$_2$ 气泡，排除其对催化效果的影响。实验分别在 TMB 和 TC 体系中进行。结果表明，O$_2$ 对 TMB 催化过程有一定的作用，且比对 TC 的影响更为明显，这可能与溶液在不同 pH 值下的 O$_2$ 转化效率的差异有关。

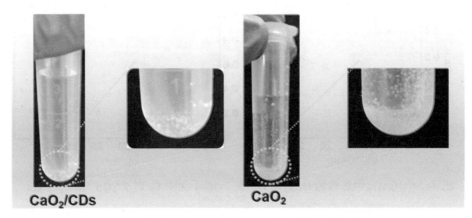

(a) CaO_2/CDs 与 CaO_2 在水中产生的气泡

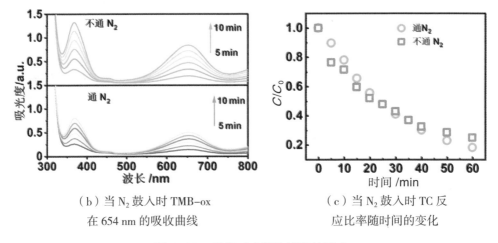

(b) 当 N_2 鼓入时 TMB-ox 在 654 nm 的吸收曲线

(c) 当 N_2 鼓入时 TC 反应比率随时间的变化

图 4-23 氧气对光催化过程的影响

研究表明,过氧化氢只有转化为活性自由基,才能加快催化过程中的反应速度,否则会分解生成氧气,并因其不稳定性而降低利用效率[115]。而活性自由基的生成能力主要由催化剂的带隙结构决定。因此,通过多种表征手段得到了 CaO_2/CDs、CaO_2 和 CDs 的价带与导带位置。图 4-24 展示了三者的 XPS 价带谱,通过对起峰线性位置做延长线得到与横轴交点的方法,得到 CaO_2/CDs、CaO_2 和 CDs 的价带位置分别为 1.8 V vs. NHE、1.52 V vs. NHE、2.58 V vs. NHE。

4 CaO₂/CDs 纳米复合物的制备与光催化活性研究

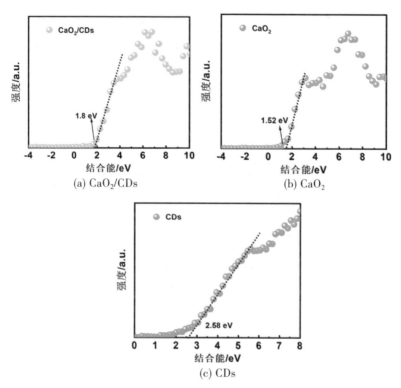

图 4-24　CaO₂/CDs、CaO₂ 与 CDs 的 XPS 价带谱图

CaO₂/CDs 和 CDs 的导带位置通过 MS（Mott-Schottky）方法测得（图 4-25）。通过对起峰处的线性区间做延长线寻找与横轴的交点，可知 CaO₂/CDs 和 CDs 的导带位置均为 -0.66 V vs.Ag/AgCl，换算为氢标准电极电位，约为 -0.44 V vs. NHE。CaO₂ 的导带位置则由紫外-可见漫反射数据经过 Tauc-plot 法得到，由于 CaO₂ 在可见光区域也有一个平缓的峰，对应着在可见光区的吸收边，因此将其作为 Tauc-plot 的主要区间，得到 CaO₂ 在可见光吸收范围内的带隙为 2.20 eV，再结合其价带位置及几者之间的关系，可推算得到 CaO₂ 的导带位置为 -0.68 V vs. NHE，汇于图 4-26 中。

$$E_{CB} - E_{VB} = E_{BG} \quad (4-1)$$

式（4-1）中，E_{CB} 为导带；E_{VB} 为价带；E_{BG} 为能带带隙。

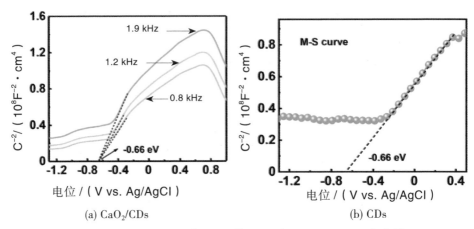

图 4-25 CaO_2 / CDs 与 CDs 的 M-S（Mott-Schottky）曲线

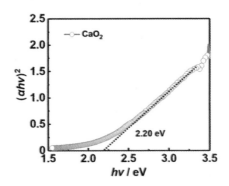

图 4-26 CaO_2 的基于紫外-可见漫反射数据的 Tauc-plot 分析

为明确起主导作用的活性物质种类，对活性自由基等进行了捕获和清除实验。通过硝基蓝四氮唑（NBT）证明了超氧自由基（$·O_2^-$）的存在，其还原产物甲臜在 560 nm 处可显示出特征吸收峰[1][2]，由于甲臜难溶于水

---

① NOSAKA Y, NOSAKA A Y. Generation and detection of reactive oxygen species in photocatalysis [J]. Chemical Reviews, 2017, 117（17）：11302-11336.

② GOTO H, HANADA Y, OHNO T, et al. Quantitative analysis of superoxide ion and hydrogen peroxide produced from molecular oxygen on photoirradiated TiO2 particles [J]. Journal of Catalysis, 2004, 225（1）：223-229.

溶液中，实验中将产物通过超声处理重新溶解在乙醇中进行了吸光度测试。图 4-27 反映了光照下 CaO_2/CDs 和 CaO_2 中·O_2^- 的生成，并且 CaO_2/CDs 中的·O_2^- 产量更高。

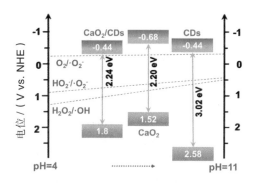

图 4-27　在 pH 为 4～11 时 CaO_2/CDs、CaO_2 和 CDs 的带隙位置与活性氧自由基的生成电位

在合适的电位条件下，H_2O_2 才可以转化为羟基自由基（·OH），·OH 是参与芬顿反应的主要活性氧，氧化性很强，且具有非选择性氧化能力[①②]。2-羟基对苯二甲酸(TAOH)是对苯二甲酸(TA)的氧化产物，具有荧光性质，可以识别·OH 的生成[③④]，后者是 TA 和·OH 的结合产物。添加 CaO_2 后，450 nm 左右的荧光峰强度在 20 min 内可达到 40，而 CaO_2/CDs 在同一时

---

① SHEN C, LI H, WEN Y, et al. Spherical $Cu_2O-Fe_3O_4$@chitosan bifunctional catalyst for coupled Cr-organic complex oxidation and Cr（Ⅵ）capture-reduction [J]. Chemical Engineering Journal, 2020, 383: 123105.

② TRUONG H B, HUY B T, RAY S K, et al. H_2O_2-assisted photocatalysis for removal of natural organic matter using nanosheet C_3N_4-WO_3 composite under visible light and the hybrid system with ultrafiltration [J]. Chemical Engineering Journal, 2020, 399: 125733.

③ NOSAKA Y, NOSAKA A Y. Generation and detection of reactive oxygen species in photocatalysis [J]. Chemical Reviews, 2017, 117（17）: 11302-11336.

④ CHANG Q, HAN X, XUE C, et al. $Cu_{1.8}S$-Passivated carbon dots for enhancing photocatalytic activity [J]. Chemical Communications, 2017, 53（15）: 2343-2346.

间内，荧光峰强度达到近 100。这反映了 CaO_2 / CDs 体系中生成的·OH 量较高。

此外，在 TMB（pH = 4）和 TC（pH = 11）体系中进行了活性自由基清除实验。在此，EDTA-2Na、VC 和异丙醇（IPA）分别用作 h^+、·O_2^- 和·OH 的牺牲剂（图 4-28）。实验中发现，·O_2^- 在 TMB 氧化反应中起主导作用，h^+ 和·OH 在光催化过程中也起重要作用。在 TC 的降解过程中，·O_2^- 和 h^+ 仍然是主要因素，但·OH 对 TC 的光催化性能影响不大。

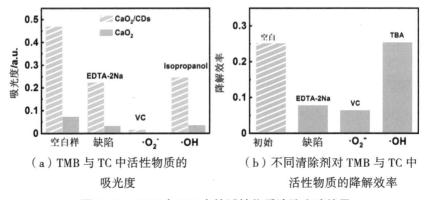

（a）TMB 与 TC 中活性物质的吸光度

（b）不同清除剂对 TMB 与 TC 中活性物质的降解效率

图 4-28　TMB 与 TC 中的活性物质清除实验结果

这一现象说明了·O_2^- 是 CaO_2 / CDs 中最重要的活性物质，不同于传统的以·OH 为主的芬顿催化体系，反映了该催化剂的特异性。这一问题在 UV / CaO_2 降解苯胺的研究中也有报道。此外，由于·OH 在 0.4 V 的电位下由 H_2O_2 和 e^- 产生，因此，·OH 在 TC 中的降低效应可能与·OH 和 TC 氧化的不匹配电位有关。

图 4-29 中，煤基 CDs 的光致发光光谱（PL）曲线显示了发射光谱对激发光波长的依赖性，并且整体来看，波长呈现红移趋势。这种现象与 CDs 中广泛分布的缺陷相关（n–π* 间隙、边缘位点和各种表面状态）[①]。

---

① HU C, LI M, QIU J, et al. Design and fabrication of carbon dots for energy conversion and storage [J]. Chemical Society Reviews, 2019, 48（8）: 2315-2337.

4 CaO_2/CDs 纳米复合物的制备与光催化活性研究

此外，时间分辨光致发光光谱（TRPL光谱）结果显示了 CaO_2/CDs（5.24 ns）的荧光寿命比 CDs（7.37 ns）更低（图 4-30）。这也受到了缺陷以及 CaO_2 和 CDs 之间异质界面的影响[1][2]。CDs 中的缺陷为光生电子（e^-）和空穴（h^+）提供了更多的接收位点，而 CaO_2 与 CDs 二者的异质界面也为载流子提供了另一个转移场所，因此光生载流子的分离速率加快，从而导致猝灭时间缩短，从而加速了光催化反应。

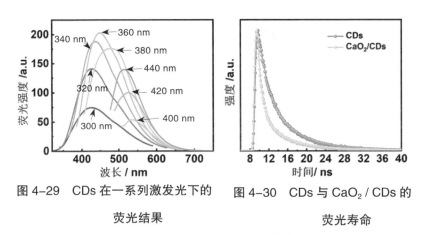

图 4-29 CDs 在一系列激发光下的荧光结果

图 4-30 CDs 与 CaO_2/CDs 的荧光寿命

基于上述分析，笔者提出了一种可能的光催化机制（图 4-31）。光催化反应始于可见光吸收引起的电子和空穴分离。然而，导带上受激发的电子倾向于跳回到价带，并与空穴重新结合以维持低能状态。而 CaO_2 和 CDs 之间形成的 II 型异质结加速了载流子在能带上的横向移动。CaO_2 的导带上的电子倾向于向 CDs 移动，CDs 的价带 B 上的空穴则向 CaO_2 移动，因此避免了相互复合，并且在 H_2O_2 或 O_2 的配合下有更多机会参与化学反应或

---

① JIN J, JIANG H, YANG Q, et al. Thermally activated triplet exciton release for highly efficient tri-mode organic afterglow [J]. Nature Communications, 2020, 11（1）：842.

② HE F, ZHU B, CHENG B, et al. 2D/2D/0D TiO_2/C_3N_4/Ti_3C_2 MXene composite S-scheme photocatalyst with enhanced CO_2 reduction activity [J]. Applied Catalysis B：Environmental, 2020, 272：119006.

生成活性氧（ROS）。

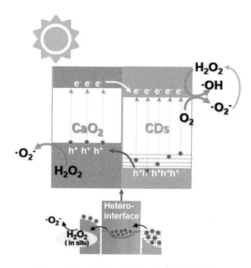

图 4-31　CaO_2 / CDs 的催化机理

由于缺陷广泛分布在 CDs 中，Ⅱ型异质结又触发了 CDs 和 CaO_2 之间能级的重叠和重排，尤其是在异质界面上，因此导致 CaO_2 / CDs 中的空穴在 1.8 eV 左右集中分布。随后，原位生成的 H_2O_2 捕获界面上的空穴，生成具有高活性的 $·O_2^-$。类似地，H_2O_2 与电子反应，在导带 CB 处变成 ·OH。同时，CaO_2 原位释放的 O_2 可以在 CDs 表面获得电子，也可转化为 $·O_2^-$。而后产生的活性氧直接参与有机污染物的氧化。除此之外，$·O_2^-$ 可以利用导带中的电子再次转化为 H_2O_2，以确保 CaO_2 不断分解也可保持光催化活性的连续性和系统的动态平衡。整个过程如下：

$$H_2O_2 + h^+ \longrightarrow ·O_2^- + 2H^+$$

$$H_2O_2 + e^- + H^+ \longrightarrow ·OH + H_2O$$

$$O_2 + e^- \longrightarrow ·O_2^-$$

$$·O_2^- + e^- + 2H^+ \longrightarrow H_2O_2$$

4.5 本章小结

为提高可见光利用率,增强对自生双氧水的转化,本章用快速且绿色的制备方法得到了 CDs 与过氧化钙(CaO_2)的复合光催化剂 CaO_2/CDs,对其光催化活性进行了探究,并从 H_2O_2 释放能力、可见光吸收能力、光生载流子产生能力、能带结构的调控等方面分析了催化机理,得到的结论如下:

(1)设计了异质形核策略。在 PEG200 溶剂中制备了绿色的 CaO_2/CDs 复合催化剂,物相与结构分析结果表明复合物中存在 CaO_2 与 CDs,且二者之间存在异质界面。

(2)光催化实验结果表明,CaO_2/CDs 具有优于 CaO_2 的光催化活性。CaO_2/CDs 对底物 TMB 的最大催化速率为 CaO_2 的 2.1 倍,且亲和能更小。在碱性条件下,CaO_2/CDs 的优势仍保持,且对 TC 展现出光催化氧化性能,并表现出良好的重复使用性。

(3)通过紫外–可见漫反射光谱、瞬间光响应、自生 H_2O_2 释放实验等阐明了 CDs 的引入对复合物的重要意义。这不仅扩大了复合物对可见光的吸收范围,而且显著地提高了光生载流子的数量,进而提高了 H_2O_2 的释放量。

(4)使用 XPS 价带谱、Mott-Schottky 电化学分析与紫外–可见漫反射光谱等得到了 CaO_2/CDs 的能带结构,推断 CaO_2 与 CDs 形成的 II 型异质结构显著促进了光生载流子的转移。自由基捕获与清除实验明确了参与催化的活性物质,CDs 的存在提高了自生 H_2O_2 的活化效率,且活化产生的 $·O_2^-$ 在催化氧化反应中占主导作用。

5　a-NiO$_x$／CDs 纳米复合物的制备与光催化活性研究

5.1　引言

作为一种半导体材料，经济廉价的过渡金属氧化物具有良好的反应性以及过渡金属特有的电子不饱和 d 轨道，现已被应用于污染物降解、析 H_2、制备 H_2O_2 和消毒杀菌等方面。其中，氧化镍（NiO）具有较高的氧化还原电位和催化活性，在光催化、能量存储、传感器、磁共振成像，以及药物转移的纳米载体等领域受到越来越多的关注。然而，当应用于光催化时，有限的光吸收效率和光致电荷产生能力限制了其光催化活性。

形貌改性是调节氧化镍特性的有效方法，有文献曾报道了片状 NiO 纳米晶、蜂窝状 H—NiO$_x$ 框架[1]和非晶态 NiO[2][3]。其中，非晶结构由于其长程无序和短程有序的扭曲原子排列而具有丰富的缺陷和多价态。这一特性为光催化氧化还原动力学提供了足够的活性位点和可调的电子构型[4]。然而，其本征晶格畸变会引起自俘获效应，导致光致载流子复合[3]。因此，克服无定形结构的这一缺点是一项重大挑战。笔者设想通过在体系中引入适当的纳米颗粒来减小非晶畴的尺寸和厚度，从而缩短光生电荷的传输距离，提高光致电荷的分离效率。

CDs 由于其具有丰富的表面官能团、可调的吸光范围、灵敏的光响应和出色的电子转移效率，在光电化学和光催化等方面表现出了优异的性能[5][6]。作为金属离子的检测探针，CDs 的荧光猝灭现象表明其与金属离子具有良好的结合能力。最近，有报道指出，CDs 由于其丰富的缺陷与较负的导带位置，可作为光生空穴的接收载体，进而延长光载流子的寿命，尤其有利于多电子还原过程。

---

[1] BIN HUANG, NANXI LI, WEILIANG LIN, et al. A highly ordered honeycomb-like nickel (Ⅲ/Ⅱ) oxide-enhanced photocatalytic fuel cell for effective degradation of bisphenol A [J]. Journal of Hazardous materials, 2018, 360: 578-586.

[2] LIN Z, DU C, YAN B, et al. Two-dimensional amorphous NiO as a plasmonic photocatalyst for solar H$_2$ evolution [J]. Nature Communications, 2018, 9 (1): 4036.

[3] LIU J, JIA Q, LONG J, et al. Amorphous NiO as co-catalyst for enhanced visible-light-driven hydrogen generation over g-C$_3$N$_4$ photocatalyst [J]. Applied Catalysis B: Environmental, 2018, 222: 35-43.

[4] SUN S, SHEN G, CHEN Z, et al. Harvesting urbach tail energy of ultrathin amorphous nickel oxide for solar-driven overall water splitting up to 680 nm [J]. Applied Catalysis B: Environmental, 2021, 285: 119798.

[5] WANG B, LU S. The light of carbon dots: From mechanism to applications [J]. Matter, 2022, 5 (1): 110-149.

[6] YU H, SHI R, ZHAO Y, et al. Smart utilization of carbon dots in semiconductor photocatalysis [J]. Advanced Materials, 2016, 28 (43): 9454-9477.

基于以上分析，本章提出了一种简单的策略，即在合成过程中通过非均相形核将 CDs 嵌入非晶态镍氧化物中。对合成的复合材料进行表征后发现，CDs 均匀且密集地分布在类枣糕模型的无定形氧化镍中。有趣的是，该复合材料可以光催化 TMB 氧化和 p-NP 还原，其中，对 TMB 的光催化效率比单一的非晶镍氧化物高 2.6 倍，表明了 CDs 加入的显著效果。机理分析表明，CDs 作为空穴受体和转移通道，促进了光致电子向表面活性位点的转移，从而激活了 Ni^{2+} 和 Ni^{3+} 之间的循环转换，促进了光催化反应活性。此外，复合物在光照下产生更多的活性自由基也增强了其抑菌性能。

5.2 催化与抑菌实验方法

5.2.1 光催化 TMB 和对硝基苯酚（p-NP）

①TMB 催化。取 200 μL 以乙醇为溶剂配制的 30 mM TMB 溶液，与 0.1 M 10 mL pH = 4.0 CH_3COONa—CH_3COOH 缓冲溶液混合，加入 1 mg 制备的样品。将溶液置于光照强度为 200 mW/cm^2 的氙灯下照射并搅拌，催化氧化产物呈蓝色，并在 652 nm 处表现出特征吸收，每隔 5 min 取 3 mL 溶液进行吸光度检测，判断催化反应速率。

②p-NP 催化。在 200 mL 去离子水中加入 3 mg p-NP 粉末与 50 mg $NaBH_4$，配制 p-NP 反应溶液，呈亮黄色。取 20 mL 上述溶液，加入 3 mg 催化剂，将氙灯光源光照强度调节为 100 mW/cm^2 进行催化实验。改变光强、还原剂 $NaBH_4$ 的量、催化剂的量探究各种条件对催化的影响及获得最佳实验条件。p-NP 还原过程中可观察到颜色逐渐变浅，直至无色，由于 p-NP 的吸收波长最强峰位于 398 nm 附近，因此用紫外 – 可见分光光度计对其浓度进行检测。

5.2.2 金黄色葡萄球菌抑菌实验

采用平板涂布法对制备样品的抑菌性进行探究，实验操作如下：用接种环去菌种在血琼脂平板上画线，放入恒温振荡箱在 37 ℃、100 r/min 条件下培养 24 h；取生理盐水 5 mL 在玻璃试管中标定，接种环取一定量的细菌分散在玻璃管中的生理盐水中，稀释细菌使浊度为 0.3 Tu；取稀释后的溶液 1 mL 与 1 mg 样品混合并振荡 0.5 h 后，取一定液体稀释 100 倍并用接种棒均匀涂于培养基上，培养 24 h 后取出拍照并放入灭菌锅处理。光照实验在与样品混合后增加 10 min 的氙灯光源照射，光强为 50 mW/cm^2。

5.3 样品制备与表征

5.3.1 样品制备

图 5-1 展示了 a-NiO$_x$/CDs 的制备过程。取 30 mL 无烟煤制备得到的 CDs/H$_2$O$_2$ 溶液，加入一定量（0.4 mmol、0.8 mmol、1.2 mmol、1.6 mmol）的无水 NiCl$_2$，室温下磁力搅拌 2 h 后加入 0.1 M NaOH 溶液，调节 pH 从 1.6～5.6，从 pH = 3.0 开始，棕黄色溶液中陆续有灰蓝色悬浮物出现，继续搅拌 30 min。产物置于离心机中以 10 000 r/min 转速分离，用去离子水清洗 3 遍后于 60 ℃ 真空干燥。制备得到的固体研磨后收集备用。a-NiO$_x$ 对比样品采用同样的制备方法，只是将 CDs/H$_2$O$_2$ 胶体溶液替换为 30%（质量分数）H$_2$O$_2$ 溶液。

图 5-1　a-NiO$_x$/CDs 的合成过程示意图

由于 CDs 和 Ni^{2+} 的电负性相反，Ni^{2+} 倾向于被吸附在 CDs 表面，导致 Zeta 电位下降（图 5-2）。同时，金属离子与 CDs 具有良好的结合性并易导致 CDs 的荧光猝灭。加入 NaOH 后，CDs 作为异质形核中心，促进镍化合物在其表面生成，最后在 CDs 与 H$_2$O$_2$ 的共同作用下合成了 a-NiO$_x$/CDs。

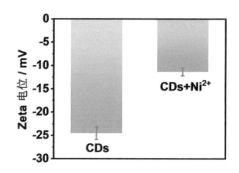

图 5-2　Ni^{2+} 加入前后 CDs 的 Zeta 电位结果

5.3.2　样品形貌与结构表征

用 X-射线衍射仪表征了制备样品的物相（图 5-3），a-NiO$_x$/CDs 与 a-NiO$_x$ 均没有明显的衍射峰，而是表现出无定型结构常见的弥散峰[图 5-3（a）]。据报道，室温条件下水溶液中的快速反应易生成无定型纳米颗粒[1][2]。a-NiO$_x$/CDs 与 a-NiO$_x$ 的弥散峰有很高的相似度，在 2θ 为 38° 与 60° 左右的弥散峰对应着 NiO（111）与（220）晶面（JCPSD No.71-1179）。尽管 Ni(OH)$_2$ 在 38.6° 也有一个特征峰，但它位于 19.2° 的最高峰与样品并不相符（JCPSD No.73-1520）［图 5-3（b）］。此外，Ni$_2$O$_3$ 的特征峰分别位于 31.9°、39.1° 与 56.8°（JCPSD No.014-0481）处，与 a-NiO$_x$/CDs 的弥散峰重合度较高。同时，根据前两个工作的数据可知，CDs 的（002）晶面位于 25°～28° 内，也处于 a-NiO$_x$/CDs 最左侧的弥散峰区间内。

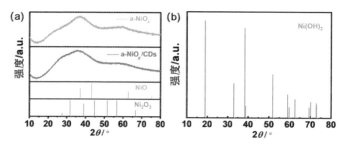

图 5-3 制备样品的 XRD 结果

根据以上分析，推测合成过程中发生的化学反应为

$$NiCl_2 + 2NaOH \longrightarrow Ni(OH)_2 + 2NaCl$$

$$3Ni(OH)_2 + H_2O_2 \longrightarrow NiO + Ni_2O_3 + 4H_2O$$

通过 X 射线光电子能谱（XPS）进一步确定了 a-NiO$_x$/CDs 和 a-NiO$_x$ 的元素组成及表面化学状态。图 5-4 证实了 C、O 和 Ni 在 a-NiO$_x$ 和 a-NiO$_x$/CDs 中的存在。其中，Ni 2p 由四个峰组成，分别为位于 874 eV、856 eV

---

[1] SUN S, SHEN G, CHEN Z, et al. Harvesting urbach tail energy of ultrathin amorphous nickel oxide for solar-driven overall water splitting up to 680 nm [J]. Applied Catalysis B: Environmental, 2021, 285: 119798.

[2] CAI Y, CHUA R, HUANG S, et al. Amorphous manganese dioxide with the enhanced pseudocapacitive performance for aqueous rechargeable zinc-ion battery [J]. Chemical Engineering Journal, 2020, 396: 125221.

处的 Ni $2p^{1/2}$ 和 Ni $2p^{3/2}$，与 881 eV、862 eV 处的两个卫星峰[1]。a–NiO_x/CDs 和 a–NiO_x 中 Ni $2p^{3/2}$ 峰的高分辨 XPS 光谱显示 Ni^{2+} 和 Ni^{3+} 在键能 855.6 eV[2] 和 856.7 eV[3][4] 处共存。值得注意的是，Ni^{3+}/Ni^{2+} 的含量比分别为 0.22 和 0.78，证实了 CDs 对复合物合成的调控作用[5]。此外，C 1s 的 C—C、C—O、C=O 键和 O 1s 的 Ni—O、C=O、C=O 键，表明复合物中同时存在 CDs 和镍氧化物。

---

[1] SAFEER N. K M, ALEX C, JANA R, et al. Remarkable CO_x tolerance of Ni^{3+} active species in a Ni_2O_3 catalyst for sustained electrochemical urea oxidation [J]. Journal of Materials Chemistry A, 2022, 10（8）：4209–4221.

[2] DU Q, LU G. The roles of various Ni species over SnO_2 in enhancing the photocatalytic properties for hydrogen generation under visible light irradiation [J]. Applied Surface Science, 2014, 305：235–241.

[3] LIN T J, MENG X, SHI L. Catalytic hydrocarboxylation of acetylene to acrylic acid using Ni_2O_3 and cupric bromide as combined catalysts [J]. Journal of Molecular Catalysis A: Chemical, 2015, 396：77–83.

[4] ZHAO G, HU H, CHEN W, et al. Ni_2O_3–Au^+ hybrid active sites on NiOx@Au ensembles for low-temperature gas-phase oxidation of alcohols [J]. Catalysis Science & Technology, 2013, 3（2）：404–408.

[5] CAI T, CHANG Q, LIU B, et al. Triggering photocatalytic activity of carbon dot–based nanocomposites by a self-supplying peroxide [J]. Journal of Materials Chemistry A, 2021, 9：8991–8997.

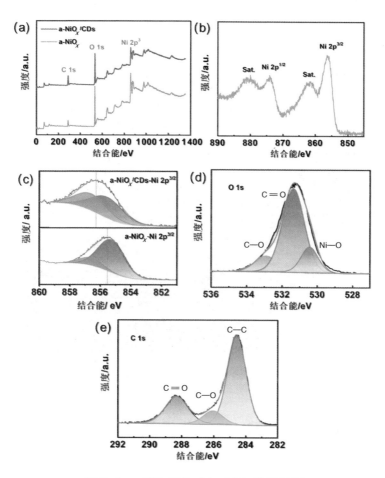

图 5-4　a-NiO$_x$/CDs 与 a-NiO$_x$ 的 XPS 图

接下来，使用透射电子显微镜（TEM）观察了 a-NiO$_x$/CDs 和 a-NiO$_x$ 的微观形貌结构［图 5-5（a）和图 5-5（b）］。结果清晰地揭示了 a-NiO$_x$ 的长程无序和短程有序的原子排列特征，从而验证了 XRD 中显示的非晶态结构。高分辨率图像显示 a-NiO$_x$ 存在 0.208 nm 和 0.241 nm 的晶面间距［图 5-5（c）］，符合 NiO 的（111）和（200）晶面。在 a-NiO$_x$/CDs 中可观察到镶嵌的 CDs 密集地分布在非晶态衬底中，圆形的 CDs 颗粒平面间距为 0.21 nm，平均尺寸约为 8 nm［图 5-5（f）］。整个结构类似于枣糕模型，无定形结构域之间由 CDs 进行分隔。此外，在 CDs 周围可以清晰地观察到大量的薄的 NiO 晶面层,反映了非晶结构被有效分离。元素分布图 [图 5-5（g）] 进一步证明了 a–NiO$_x$ / CDs 中 Ni、O、C 元素的存在。

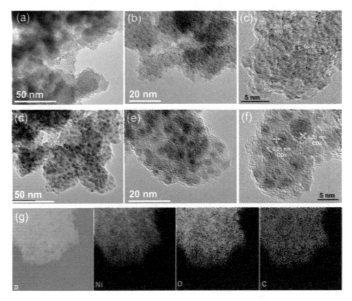

图 5-5 a–NiO$_x$ / CDs 和 a–NiO$_x$ 的 TEM 图像

5.4 a–NiO$_x$ / CDs 光催化性能研究与机理分析

5.4.1 对 TMB 氧化反应的催化活性研究

制备得到的 a–NiO$_x$ / CDs 与 a–NiO$_x$ 样品的颜色差别很大,前者为棕黑色,后者为深蓝绿色。为探究样品的催化氧化效果,选用的纳米酶催化底物 3,3′,5,5′- 四甲基联苯胺（TMB）[①] 在光照与黑暗条件下对 TMB 进行了光催化测试（图 5-6）,a–NiO$_x$ / CDs 在光照下的催化效果最好,并且即使在黑暗中其催化效果也优于 a–NiO$_x$。对每个样品与条件各进行三次测试,

---

① ZHANG J, LIU J. Light–activated nanozymes: catalytic mechanisms and applications [J]. Nanoscale, 2020, 12（5）: 2914–2923.

对得到的结果进行汇总，如图5-6（e）所示，可见，a-NiO$_x$/CDs 在光照下的催化活性最高，且在 30 min 时可达到 a-NiO$_x$ 的 4 倍左右，而 a-NiO$_x$/CDs 在光照下的活性也远远大于黑暗条件下的活性。此外，使用酶动力学方法利用米氏方程对 a-NiO$_x$/CDs 和 a-NiO$_x$ 进行了定量分析。a-NiO$_x$/CDs 的最大光催化反应速率（v_{max}）为 1.54 μM·min^{-1}，是 a-NiO$_x$ 的 2.6 倍。与基体的亲和力参数（K_m）分别为 0.17 mM 和 0.32 mM，a-NiO$_x$/CDs 较低的 K_m 表明 a-NiO$_x$/CDs 对 TMB 的较好亲和力。这两个参数都表明 a-NiO$_x$/CDs 对 TMB 氧化的光催化活性明显优于 a-NiO$_x$。

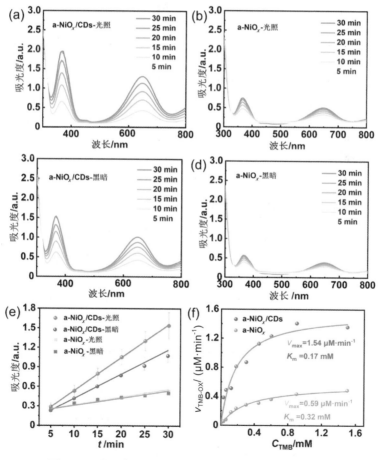

图 5-6　光照与黑暗条件下对 TMB 进行光催化测试

对不同镍盐前驱体 [NiCl$_2$、NiSO$_4$、Ni (CH$_3$COOH)$_2$、Ni (NO$_3$)$_2$] 制备得到的 a–NiO$_x$ / CDs 进行催化活性比较（图 5-7），分别得到它们在 30 min 内的光催化曲线，将数据进行汇总对比可见，由 NiCl$_2$ 制备得到的复合物的催化活性最高，这可能与不同阴离子的电负性及其对 pH 值的影响有关。

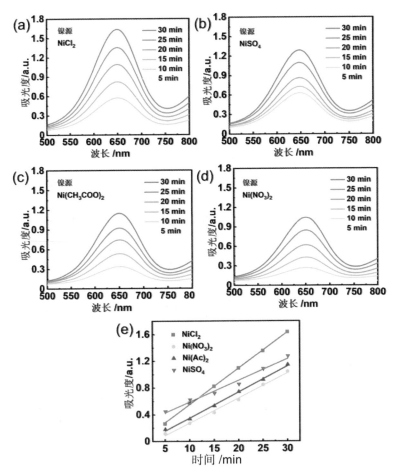

图 5-7 由不同镍盐前驱体得到的 a–NiO$_x$ / CDs 对 TMB 的光催化效果

随后探究了 NiCl$_2$ 的加入量对产物的影响（图 5-8）。随着 NiCl$_2$ 加入量的增多，得到的粉末颜色也在变化。由催化效果的对比结果可知，当

30 mL CDs / H_2O_2 溶液中的 $NiCl_2$ 加入量为 0.4 mM 时，得到的复合物的催化效果最优。此时，CDs 在复合物中的含量较多，可以达到一定的分布密度，从而改善无定形结构的尺寸与厚度，协助光生载流子向表面的转移过程。

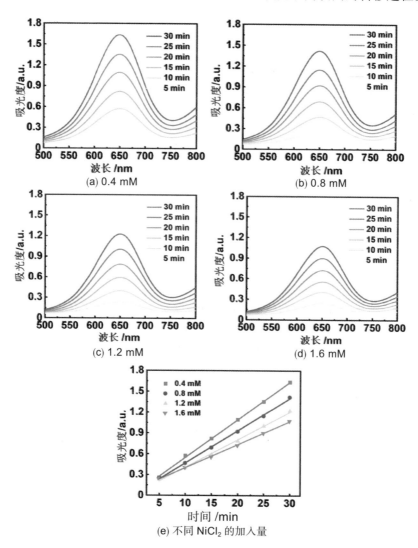

图 5-8 $NiCl_2$ 的加入量对复合物催化效果的影响

5.4.2 对 p-NP 还原反应的催化活性研究

为扩宽镍基 CDs 复合物的应用范围,在得到了 a-NiO$_x$ / CDs 复合物的优异光催化氧化活性后,进一步探究了其在其他方面应用的可能性。苯系物毒性大、难降解,广泛分布于制药、焦煤、树脂塑料等生产排出的废水中,给环境治理带来了很大的挑战。于是,笔者使用 CDs 复合物对于苯系物的降解进行催化研究。实验发现,复合物在还原剂硼氢化钠存在时,表现出对对硝基苯乙烯还原的催化作用,不仅可以催化硝基的还原,还可以催化乙烯基的还原,因此有必要对其还原性能做进一步的研究。

硝基苯酚(p-NP)结构简单,由苯酚的苯环上连接一个硝基构成,结构上具有鲜明的代表性。其中的对硝基苯酚(p-NP)对光稳定,还原过程简单,是适合作为催化还原反应探究的底物,它的还原产物对氨基苯酚(p-AP)为常用的化工原料[1][2],二者的紫外-可见吸收曲线如图 5-9 所示。对硝基苯酚的特征峰位于 400 nm 附近,而对氨基苯酚的特征峰位于 298 nm 与 230 nm 附近。在还原过程中会发生 400 nm 处峰值的降低与其他两个峰的升高,该变化可以由紫外-可见光谱检测。对硝基苯酚的还原率可用式(5-1)表达,其中,C_t 是指在 t 时刻测得的 p-NP 特征峰的吸收值,C_0 是初始的 p-NP 特征峰吸收值。

$$C_{(p-NP)\%} = \frac{C_0 - C_t}{C_0} \qquad (5-1)$$

---

[1] JIANG D B, LIU X, YUAN Y, et al. Biotemplated top-down assembly of hybrid Ni nanoparticles/N doping carbon on diatomite for enhanced catalytic reduction of 4-nitrophenol [J]. Chemical Engineering Journal, 2020, 383: 123156.

[2] HASAN Z, CHO D-W, CHON C-M, et al. Reduction of p-nitrophenol by magnetic Co-carbon composites derived from metal organic frameworks [J]. Chemical Engineering Journal, 2016, 298: 183-190.

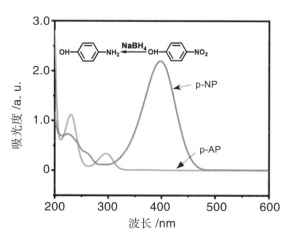

图 5-9 对硝基苯酚（p-NP）与对氨基苯酚（p-AP）的紫外 - 可见吸收谱图

一般来说，在没有催化剂的情况下，即使使用还原剂 NaBH$_4$[①②③]，还原反应速度也会受到严重削弱。有趣的是，在 NaBH$_4$ 存在的情况下，a-NiO$_x$/CDs 对 p-NP 的还原表现出明显的光催化活性（图5-10），这为 a-NiO$_x$/CDs 在光催化还原反应方面的应用开辟了前景。相比之下，a-NiO$_x$ 的光催化还原速率要慢得多。此外还得到了 a-NiO$_x$/CDs 和 a-NiO$_x$ 在光照与黑暗情况下的光催化性能。p-NP 还原中，ln(C_t/C_0) 与时间呈线性关系，符合准一级反应动力学[④]，反应速率可由斜率值得到。a-NiO$_x$/CDs 在有光和无

---

① HUANG L, ZHANG H, HE Z, et al. In situ formation of nitrogen-doped carbon-wrapped Co$_3$O$_4$ enabling highly efficient and stable catalytic reduction of p-nitrophenol [J]. Chemical Communications, 2020, 56（5）: 770-773.

② FENG J, SU L, MA Y, et al. CuFe$_2$O$_4$ magnetic nanoparticles: A simple and efficient catalyst for the reduction of nitrophenol [J]. Chemical Engineering Journal, 2013, 221: 16-24.

③ GHOSH B K, HAZRA S, NAIK B, et al. Preparation of Cu nanoparticle loaded SBA-15 and their excellent catalytic activity in reduction of variety of dyes [J]. Powder Technology, 2015, 269: 371-378.

④ HUANG L, ZHANG H, HE Z, et al. In situ formation of nitrogen-doped carbon-wrapped Co$_3$O$_4$ enabling highly efficient and stable catalytic reduction of p-nitrophenol [J]. Chemical Communications, 2020, 56（5）: 770-773.

光条件下表现出明显的差异,而 a-NiO$_x$ 在光照下则差异不大。推测 Ni(d8) 的电子构型有利于 p-NP 的吸附[①②],以及较大的 Ni^{2+}/Ni^{3+} 相对量和光致电子的效率转换都是 a-NiO$_x$/CDs 具有较好光催化还原活性的原因。

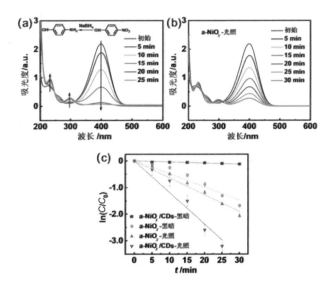

图 5-10 不同光照条件下 a-NiO$_x$/CDs 对 p-NP 的催化还原效果

为揭示光在催化 p-NP 还原反应中的作用,分别在光强为 200 mW/cm^2、150 mW/cm^2、100 mW/cm^2、50 mW/cm^2 与黑暗条件下探究了 a-NiO$_x$/CDs 的催化作用(图 5-11)。实验结果表明,光对 p-NP 还原反应起到重要作用,光强为 200 mW/cm^2 时,只需要 20 min 就可以达到几乎 98% 的转化率,随着光强减小,p-NP 转化速率也逐渐减小。黑暗条件下,30 min

---

① HASAN Z, CHO D-W, CHON C-M, et al. Reduction of p-nitrophenol by magnetic Co-carbon composites derived from metal organic frameworks [J]. Chemical Engineering Journal, 2016, 298: 183-190.

② MANDLIMATH T R, GOPAL B. Catalytic activity of first row transition metal oxides in the conversion of p-nitrophenol to p-aminophenol [J]. Journal of Molecular Catalysis A: Chemical, 2011, 350(1): 9-15.

内的转化率只有 10% 左右。这一现象进一步支持了光对 a-NiO$_x$ / CDs 的重要作用。

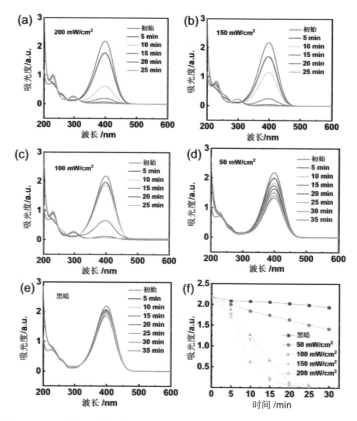

图 5-11　不同光强条件下 a-NiO$_x$ / CDs 对 p-NP 还原的催化效果

接下来，探究了催化剂加入量对催化还原过程的影响，如图 5-12 所示，当催化剂 a-NiO$_x$ / CDs 的加入量分别为 1 mg、3 mg、5 mg 时，催化速率逐渐加快。5 mg 时，在 15 min 内几乎降解完全，3 mg 时则需要 20 min，而 1 mg 时，在 30 min 内的转化率仅为 30%。这一结果表明催化活性与催化位点的数量呈正相关。

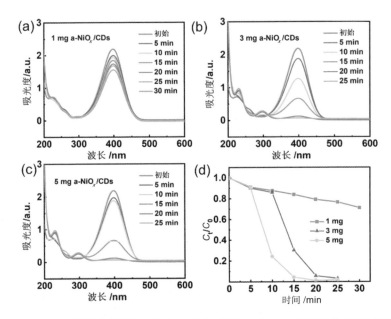

图 5-12 不同催化剂添加量时 a-NiO$_x$/CDs 对 p-NP 还原的催化效果

5.4.3 重复利用实验

为探究复合物的重复使用性能,将 a-NiO$_x$/CDs 在 p-NP 体系中进行了重复实验,取第 25 min 时刻的降解率进行比较。结果表明,在连续重复使用 3 次后,仍保持良好的催化效果,与初始测试时相当,说明该催化剂具有较好的循环利用性(图 5-13)。同时,对实验后的样品进行了 XRD 与 SEM 测试,与新鲜制备的 a-NiO$_x$/CDs 样品具有相似的物相结构与微观形貌。说明催化反应并没有改变其结构,因此 a-NiO$_x$/CDs 具有重复使用稳定性。

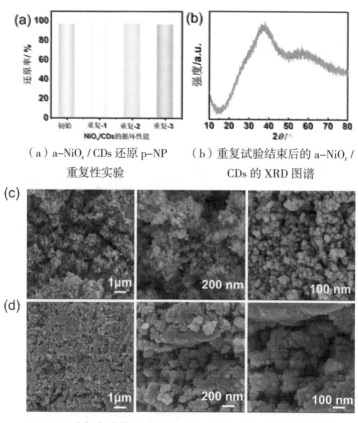

（a）a-NiO$_x$/CDs 还原 p-NP 重复性实验

（b）重复试验结束后的 a-NiO$_x$/CDs 的 XRD 图谱

a-NiO$_x$/CDs 重复实验前（c）和重复实验后（d）的不同放大倍数的 SEM 图像

图 5-13　a-NiO$_x$/CDs 在 p-NP 体系中的重复实验

5.4.4　催化机理分析

催化剂的光响应特性可以通过瞬态光电流实验验证，将 a-NiO$_x$/CDs 与 a-NiO$_x$ 分别涂覆于 ITO 玻璃上作为电极置于三电极体系中，设置交替的光照与黑暗条件，测试二者的光电流变化规律。图 5-14 中，a-NiO$_x$/CDs 与 a-NiO$_x$ 均表现出对光的响应。打开光源时发生瞬时的电流密度升高，而遮住光源的瞬间，电流密度就会降低到低值，但是 a-NiO$_x$/CDs 的光电流密度值可达 a-NiO$_x$ 的 3 倍甚至更多，说明在光照时，a-NiO$_x$/CDs 上有更多的光电子转移到电极上。微观过程可推断为，光子入射 a-NiO$_x$/CDs 会产生更多的光电子被激发，从而与空穴分离，继而可以转移并分别参与化学反应。这与二者的光催化活性有相同的规律。

在电化学阻抗谱（EIS）曲线中（图 5-15），第一个圆弧的半径与电极/电解质界面的电阻有关，即 Nyquist 半径，Nyquist 半径越小，表明催化剂中电荷转移电阻越低，即电荷转移速率越快。a-NiO$_x$ 表现出较大的 Nyquist 半径，这意味着载流子难以通过电极/电解质界面转移，从而导致其光催化活性较低。相比之下，a-NiO$_x$/CDs 的 Nyquist 半径较小，即在 CDs 的协同作用下，电荷转移能力有显著提高。以上实验结果表明，CDs 的加入降低了电荷转移电阻，提高了光电转换能力，从而有利于提高光催化效率。另外，紧密接触的异质结构之间形成的协同效应也促进了光生载流子的分离和利用，从而显著提高了催化活性。

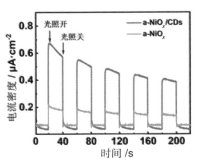

图 5-14　a-NiO$_x$/CDs 与 a-NiO$_x$ 的瞬态光电流响应实验结果

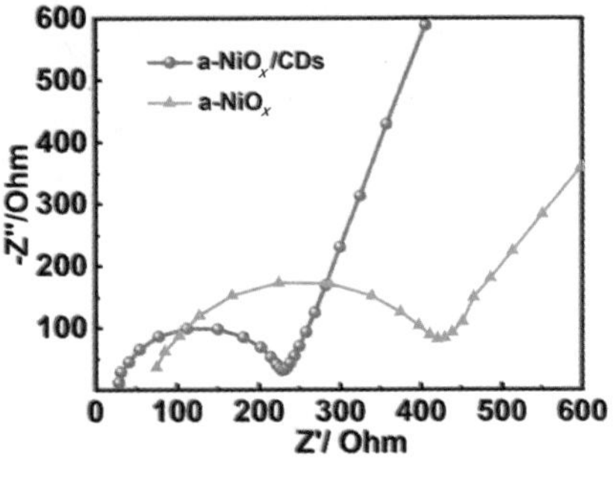

图 5-15　a-NiO$_x$/CDs 与 a-NiO$_x$ 的电化学阻抗谱结果

采用循环伏安法从电子转移的角度分析了 a-NiO$_x$/CDs 和 a-NiO$_x$ 对 p-NP 的氧化还原反应。图 5-16（a）为 a-NiO$_x$/CDs 和 a-NiO$_x$ 在 0.1 M Na$_2$SO$_4$ 溶液中的 CV 曲线。a-NiO$_x$/CDs 的正向扫描时，a-NiO$_x$/CDs 的氧化峰出现在 0.9 V 左右，而相应的还原峰出现在 0.7 V 左右，这对氧化还原峰指的是 Ni^{2+}/Ni^{3+}

之间的转化[1]，a-NiO$_x$/CDs 的电流密度更高，说明参与电化学反应的电子更多。在含有 NaBH$_4$ 和 p-NP 的电解液中［图 5-16（b）］，0 V 和 -0.4 V 左右出现两个新的氧化峰。根据报道[2]，在 0 V 和 -0.4 V 左右的阳极峰对应的是 H*ads（在催化剂表面吸附氢物质）和 H*abs（在催化剂晶格中吸附氢物质）。两个氧化峰揭示了 H* 在活性位点上的吸附，这一过程是 p-NP 还原反应的必要步骤。

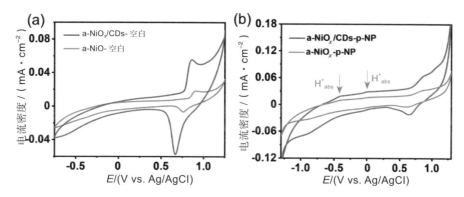

图 5-16　a-NiO$_x$/CDs 与 a-NiO$_x$ 在不同介质中的 CV 曲线

为明确 a-NiO$_x$/CDs 在光催化 TMB 氧化及 p-NP 还原过程中参与的活性物质，进行了活性物质清除实验（图 5-17）。分别选用 EDTA-2Na、NaIO$_3$、VC 和异丙醇作为 h$^+$、e$^-$、·O$_2^-$、·OH 的牺牲剂[3]，结果表明，h$^+$

---

[1] CHEN H, WU Z, ZHONG Y, et al. Boosting the reactivity of Ni^{2+}/Ni^{3+} redox couple via fluorine doping of high performance Na$_{0.6}$Mn$_{0.95}$Ni$_{0.05}$O$_{2-x}$F$_x$ cathode [J]. Electrochimica Acta, 2019, 308: 64-73.

[2] ZHANG S, ZHONG L, XU Z, et al. Mineral-modulated Co catalyst with enhanced adsorption and dissociation of BH$_4^-$ for hydrogenation of p-nitrophenol to p-aminophenol [J]. Chemosphere, 2022, 291: 132871.

[3] KARUNAKARAN C, DHANALAKSHMI R, GOMATHISANKAR P, et al. Enhanced phenol-photodegradation by particulate semiconductor mixtures: Interparticle electron-jump [J]. Journal of Hazardous materials, 2010, 176 (1): 799-806.

和·O_2^-对催化活性是正向影响,且起到重要作用。$NaIO_3$牺牲掉电子后,催化效果反而更好,可能与电子牺牲剂的添加有利于空穴的分离与转移有关,进一步印证了空穴在其中起到的促进作用。而异丙醇的加入几乎没有改变催化效果,即·OH在该过程中并未参与反应。

用草酸钛钾试剂测定了a-NiO_x/CDs在pH = 4的溶液中自生H_2O_2的性质,草酸钛钾与H_2O_2的反应产物呈黄色,其吸收峰在400 nm左右[①]。从图5-18可见,a-NiO_x/CDs在光照下可以缓慢产生H_2O_2,持续时间越长,H_2O_2浓度越高。推测这与光照下的载流子与H_2O反应生成H_2O_2有关[②]:

$$2H_2O + 2h^+ \Longleftrightarrow H_2O_2 + 2H^+$$
$$H_2O_2 + 2h^+ \Longleftrightarrow ·O_2^- + 2H^+$$

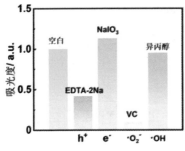 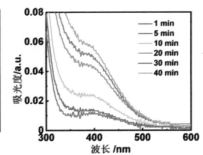

图5-17 a-NiO_x/CDs光催化TMB过程的活性物质清除实验

图5-18 a-NiO_x/CDs在pH = 4的溶液中释放H_2O_2的实验结果(草酸钛钾标定)

在催化p-NP还原体系中加入$NaIO_3$以清除电子,结果表明,在30 min内,p-NP特征峰几乎没有变化,即还原反应并未进行,这足以说明电子

---

① SELLERS R M. Spectrophotometric determination of hydrogen peroxide using potassium titanium(Ⅳ)oxalate[J]. Analyst, 1980, 105(1255):950-954.

② NOSAKA Y, NOSAKA A Y. Generation and detection of reactive oxygen species in photocatalysis[J]. Chemical Reviews, 2017, 117(17):11302-11336.

在 p-NP 还原中的重要作用,正是由于电子在还原剂、催化剂与还原底物之间的转移,引起了还原反应的发生。

自由基的产生与电极电位直接相关,因此需要对能带结构进行探究(图 5-19),通过 XPS 能谱测量得到 a-NiO$_x$ 与 a-NiO$_x$/CDs 的价带谱,对直线段部分作切线,与横轴的交点位置即为价带位置,a-NiO$_x$ 与 a-NiO$_x$/CDs 的价带分别位于 1.6 eV 和 1.83 eV,即 a-NiO$_x$/CDs 的价带位置相较于 a-NiO$_x$ 要高,说明其具有较强的氧化能力[图 5-19(a)和图 5-19(b)]。用电化学方法(Mott-Schottky)得到了 a-NiO$_x$ 与 a-NiO$_x$/CDs 的导带位置,二者非常相近,分别位于 -0.80 V vs. Ag/AgCl 和 -0.86 V vs. Ag/AgCl,换算为相对于标准氢电极为 -0.58 V 与 -0.64 V[图 5-19(c)]。将以上获得的数据绘制在图 5-19 中,得到两者总的带隙结构[图 5-19(d)]。可见,CDs 的加入扩大了单一 a-NiO$_x$ 的带隙,升高的价带和导带提高了其氧化与还原能力。

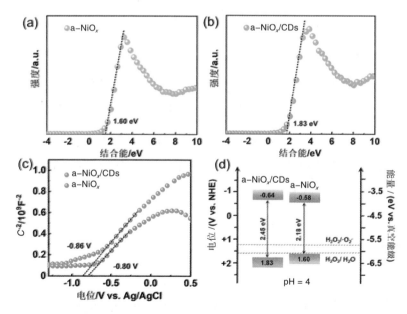

图 5-19 a-NiO$_x$ 与 a-NiO$_x$/CDs 的能带结构

笔者在上述分析的基础上,推导得出了 a-NiO$_x$/CDs 可能的光催化机理（图5-20）。在可见光下，嵌入的CDs颗粒使非晶结构呈现尺寸较小的薄层特征，同时CDs具有对光生空穴的容纳能力，因此有效地避免了光生载流子在非晶结构中的内部消耗，显著地促进了光生电子向表面活性位点的迁移。之后，Ni^{2+}和Ni^{3+}之间的循环转换被光生电子激活，触发了活性位点上的化学反应：

$$Ni^{3+} + e^- \longrightarrow Ni^{2+}$$

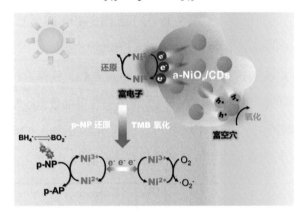

图5-20　a-NiO$_x$/CDs光催化氧化TMB与还原p-NP的机理推测

在TMB的光催化氧化过程中，CDs作为富空穴位点，有利于H_2O_2和$·O_2^-$的生成。此外，Ni^{2+}与Ni^{3+}之间的转换也可能引起$·O_2^-$的生成反应：

$$Ni^{2+} + O_2 \longrightarrow Ni^{3+} + ·O_2^-$$

作为TMB催化氧化中的主要活性自由基，$·O_2^-$可以将TMB直接氧化为蓝色氧化产物TMB-ox：

$$TMB + ·O_2^- \rightleftharpoons TMB-ox$$

与此同时，h^+也可以直接参与TMB氧化：

$$TMB + h^+ \rightleftharpoons TMB-ox$$

p-NP还原是一个多步电子加氢过程，需要足够的电子和H*。Ni^{3+}接受光生电子被还原为Ni^{2+}，Ni^{2+}则会继续将活性电子传递给吸附的p-NP，并恢复到原始状态。此外,由于 $NaBH_4$ 中的 BH_4^- 通过化学吸附锚定在无定形氧化镍的丰富活性位点上,大量的活性氢物质 H* 被激活。因此,在电子和 H* 都充足供给的条件下,p-NP 的还原反应得以持续进行:

$$p-NP+H^*+e^- \longrightarrow p-AP$$

反应产物 p-AP 形成之后,离开 Ni^{2+}/Ni^{3+} 缺陷位点,并为另一个 p-NP 分子留出空间,整个过程形成一个由光生电子激活的反应闭环。

5.5 a-NiO$_x$/CDs 的抑菌性能探究

金黄色葡萄球菌是一种人体致病菌,可寄生于人体的皮肤,侵入淋巴和血液后会引起严重的转移感染。而光照下光催化剂产生的活性氧(ROS)具有高反应活性,可以破坏细胞膜、mRNA、DNA、核糖体、肽聚糖和蛋白质,从而杀灭细菌。因此,可将制备的光催化剂用于抑菌实验,判断活性氧(ROS)的产生能力。实验通过培养 24 h 后培养基上的菌落数量来评价光催化剂的抗菌性能。如图 5-21 所示,a-NiO$_x$/CDs 和 a-NiO$_x$ 在没有光照的情况下都表现出一定的杀菌效果,这是由于金属化合物纳米颗粒具有尺寸依赖的毒性,可能导致细胞膜发生修饰,阻断传输通道。当 60 mW/cm^2 的可见光作用于液体混合物 10 min 后,a-NiO$_x$/CDs 体系中已经没有菌落存在,但 a-NiO$_x$ 体系中仍有一些菌落残留。这证实了 a-NiO$_x$/CDs 比 a-NiO$_x$ 在光照下产生的活性氧密度更高。因此,光产生的活性氧赋予 a-NiO$_x$/CDs 优异的抗菌性能,在污水抑菌或体内光动力治疗方面的应用前景广阔。

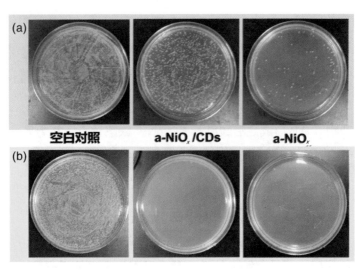

图 5-21 制备样品对金黄色葡萄球菌的抑菌试验

5.6 本章小结

为提高光催化效率并扩大催化反应的应用范围,结合过渡金属在催化还原中的活性位点作用,制备了镍基 a-NiO$_x$/CDs 复合光催化剂。该复合光催化剂不仅可以催化氧化反应,而且表现出对 p-NP 的光催化还原活性。通过实验探究了复合物的氧化与还原反应光催化活性、实验条件优化、催化机理及抑菌性能,得到的结论如下。

(1) 在无烟煤 CDs 制备得到的 CDs 与残余双氧水体系中,通过异质形核方式制备得到了无定形 a-NiO$_x$/CDs 复合物,其中的镍氧化物为两种价态的氧化物:NiO 与 Ni$_2$O$_3$。笔者探究了不同镍盐前驱体、前驱体比例、添加 CDs 与否对复合物催化氧化能力的影响,并得到最优制备条件。

(2) 复合氧化物以长程无序、短程有序的无定形状态存在,嵌入在 a-NiO$_x$/CDs 中的 CDs 将无定形域分散,减小了尺寸及厚度,克服了无定形的结构缺陷对光生载流子的捕获,有利于其向表面迁移。

(3)样品表现出对 TMB 的催化氧化活性,且 a–NiO$_x$ / CDs 的最高催化速率为 a–NiO$_x$ 的 2.6 倍;同时样品也具有对 p–NP 的光催化还原活性与良好的循环利用性。此外,a–NiO$_x$ / CDs 也显示出光照下优异的抑菌性能。

(4)瞬时光电流响应、电化学阻抗谱等实验结果证实了 a–NiO$_x$ / CDs 复合物优于 a–NiO$_x$ 的光生载流子生成数量及转移速率。机理探究实验结果表明,由于 CDs 对空穴的捕获作用,光生电荷迅速迁移到表面,将 Ni^{3+} 还原为 Ni^{2+},然后由富电子的活性 Ni^{2+} 参与活性物质转化或还原反应,完成电子输送后回归初始价态,从而保证催化反应的持续进行。

6 结论、创新点与展望

6.1 结论

本书将煤基 CDs 引入多种金属氧化物的制备过程中，介导合成了三种不同的复合物——CDs@CuO$_x$、CaO$_2$/CDs 及 a-NiO$_x$/CDs，并深入研究了三种纳米复合物的光催化活性及相关机制。发现 CDs 赋予金属氧化物多重物相结构，并能有效改善金属氧化物的能带分布，促进可见光转化，从而实现了复合物光催化活性的提升。具体工作总结如下。

（1）利用煤基 CDs 制备过程中的残余双氧水，在室温下快速制备了 CDs@CuO$_x$ 复合物，复合物中 CDs 的存在稳定了氧化铜中的 CuO$_2$，触发了其在水溶液中的自生 H$_2$O$_2$ 释放。通过典型的纳米酶底物 TMB 对样品的光催化活性进行多角度探究，发现光照对复合物的催化活性有决定性作用。酶动力学定量分析发现 CDs@CuO$_x$ 的最高光催化速率是 CuO$_x$ 的 35 倍，说明 CDs 对催化活性的提升发挥了关键作用。CDs@CuO$_x$ 在碱性条件下依然表现出对邻苯二胺的高效光催化活性，并在循环使用 3 次后，仍保持

94%的催化活性。通过机理分析揭示了CDs@CuO$_x$的高反应活性是通过扩大的能带带隙及过氧化氢循环转化的协同效应实现的，催化过程中形成了·O$_2^-$ ⟶ H$_2$O$_2$ ⟶ O$_2$ ⟶ ·O$_2^-$的反应闭环，有效消除了载流子的积累，同时CDs可以协同加速载流子的转移，抑制e$^-$和h$^+$的复合，从而有效加快化学反应循环。

（2）在PEG200溶剂中，通过异质形核方式制备得到了绿色光催化剂CaO$_2$/CDs，复合物为纳米结构，且其中含有典型的CaO$_2$与CDs的异质界面。实验结果表明，CDs可以调控氧化钙对可见光的吸收范围，显著提高光生载流子的产率，进而提升光照下自生H$_2$O$_2$的产量。此外，CDs可以促进H$_2$O$_2$活化产生更多ROS，从而使得CaO$_2$/CDs在pH=4的条件下具有优于CaO$_2$ 2.1倍的光催化活性。在pH=11的条件下，CaO$_2$/CDs对TC仍展现出优于CaO$_2$的光催化氧化性能，并在循环实验中表现出良好的重复性。由能带结构与自由基分析等推测，复合物中的CaO$_2$与CDs形成了Ⅱ型异质结构，有效促进了光生载流子转移，提高了对自生H$_2$O$_2$的活化效率，且超氧自由基在活性氧中占主导。

（3）在煤基CDs制备得到的CDs/H$_2$O$_2$体系中合成了镍基a-NiO$_x$/CDs复合物。分析结果表明，镍氧化物以长程无序、短程有序的无定型存在，且包含了镍的两种价态，CDs密集镶嵌于无定形结构之中，起到分散并减小无定形域的作用。笔者探究了不同制备条件的样品对TMB的光催化氧化表现，并从动力学定量分析角度发现a-NiO$_x$/CDs的最高催化速率为a-NiO$_x$的2.6倍，且可见光照射会显著提升复合物的催化活性。非常有趣的是，a-NiO$_x$/CDs复合物还表现出对p-NP的光催化还原活性，催化速率与光照强度及催化剂用量呈正相关，且a-NiO$_x$/CDs复合物具有可循环利用性。得益于光照下活性氧的大量产生，a-NiO$_x$/CDs还显示出优异的抑菌性能。瞬时光电流响应、电化学阻抗谱等实验结果证实了a-NiO$_x$/CDs复合物优于 a-NiO_x 的光生载流子生成数量及转移速率。研究表明，光照下复合物中产生的光生电子与空穴分别向 Ni^{2+}/Ni^{3+} 位点及 CDs 转移实现载流子分离，Ni^{2+}/Ni^{3+} 位点处金属离子的价态转化消耗光生电子，并继续通过循环转化将电子输运，使氧化或还原反应发生，CDs 作为光生空穴接收体，促进空穴向超氧自由基的转变。此外，镍氧化物作为活性位点辅助 $NaBH_4$ 中氢物质（H*）的转移，从而催化 p-NP 向 p-AP 的还原。

6.2 创新点

（1）制备了 CDs@CuO_x 复合纳米材料，发现了复合物产生的自供双氧水可触发其可见光下的催化活性，并将可应用的 pH 范围拓宽到碱性；CDs 对带隙的调节与过氧化氢的循环转化协同消除了催化剂表面的电荷累积，提高了可见光利用率。

（2）利用异质形核原理，首次制备了具有异质界面的绿色光催化剂 CaO_2/CDs，明确了 CDs 在调控 CaO_2/CDs 催化活性中的三种作用：扩大可见光谱吸收范围、提高光照下自生 H_2O_2 的产率和提高 H_2O_2 的活化速率。

（3）制备了无定型 CDs 复合镍金属氧化物，发现其具有光催化氧化与还原反应的双重活性，两种价态镍离子（Ni^{2+}/Ni^{3+}）的循环转化促进了光生电子的转移与利用。

（4）发现了 CDs 在金属氧化物合成过程中的介导与辅助作用，实现了稳定 CDs@CuO_x 中过氧基团及 a-NiO_x/CDs 中多价态氧化物的效果，为底层设计新型纳米材料提供了可参考方案。

6.3 展望

本书通过将多种金属氧化物与煤基 CDs 进行复合，制备了多种复合光催化剂，总结得到了一定的规律，不仅显著提高了催化效果，而且扩大了催化剂的应用范围。但是考虑到 CDs 属于一类材料，不同来源与制备方法得到的 CDs 在表面官能团与能带结构等方面的性质各不相同，因此，为了对 CDs 复合金属氧化物进行更深入的探究，就有必要选择多种类型的 CDs 进行对比，寻找不同 CDs 与金属复合物结合后在光催化中的特点，并得出规律，以指导 CDs 复合物纳米光催化剂的设计。

本书表明了 CDs 与金属氧化物复合材料在光催化氧化与还原反应中的优异作用。除此之外，其在光电催化制氢、光催化 CO_2 还原等方面也有巨大的应用潜力，再加之部分金属氧化物的化学稳定性及生物相容性已得到证实，CDs 复合金属氧化物材料在生物治疗，如光动力学治疗等方面也有良好的应用前景，值得进行更广泛和深入的研究。

参 考 文 献

[1] ARAúJO T C, OLIVEIRA H D S, TELES J J S, et al. Hybrid heterostructures based on hematite and highly hydrophilic carbon dots with photocatalytic activity [J]. Applied Catalysis B: Environmental, 2016, 182: 204-212.

[2] BARMAN M K, MITRA P, BERA R, et al. An efficient charge separation and photocurrent generation in the carbon dot-zinc oxide nanoparticle composite [J]. Nanoscale, 2017, 9 (20): 6791-6799.

[3] BIN HUANG, NANXI LI, WEILIANG LIN, et al. A highly ordered honeycomb-like nickel (Ⅲ/Ⅱ) oxide-enhanced photocatalytic fuel cell for effective degradation of bisphenol A [J]. Journal of Hazardous materials, 2018, 360: 578-586.

[4] CAI T, CHANG Q, LIU B, et al. Triggering photocatalytic activity of carbon dot-based nanocomposites by a self-supplying peroxide [J]. Journal of Materials Chemistry A, 2021, 9: 8991-8997.

[5] CAI Y, CHUA R, HUANG S, et al. Amorphous manganese dioxide with the enhanced pseudocapacitive performance for aqueous rechargeable zinc-ion battery [J]. Chemical Engineering Journal, 2020, 396: 125221.

[6] CHANG Q, HAN X, XUE C, et al. $Cu_{1.8}$S-Passivated carbon dots for enhancing photocatalytic activity [J]. Chemical Communications, 2017, 53(15): 2343-2346.

[7] CHANG Q, SONG Z, XUE C, et al. Carbon dot powders for photocatalytic reduction of quinones [J]. Materials Letters, 2018, 218: 221-224.

[8] CHANG Q, YANG W, LI F, et al. Green, energy-efficient preparation of CDs-embedded $BiPO_4$ heterostructure for better light harvesting and conversion [J]. Chemical Engineering Journal, 2020, 391: 123551.

[9] CHEN B B, LIU M L, HUANG C Z. Carbon dot-based composites for catalytic applications [J]. Green Chemistry, 2020, 22(13): 4034-4054.

[10] CHEN H, WU Z, ZHONG Y, et al. Boosting the reactivity of Ni^{2+}/Ni^{3+} redox couple via fluorine doping of high performance $Na_{0.6}Mn_{0.9}5Ni_{0.05}O_{2-x}F_x$ cathode [J]. Electrochimica Acta, 2019, 308: 64-73.

[11] CHEN J, CHE H, HUANG K, et al. Fabrication of a ternary plasmonic photocatalyst $CQDs/Ag/Ag_2O$ to harness charge flow for photocatalytic elimination of pollutants [J]. Applied Catalysis B: Environmental, 2016, 192: 134-144.

[12] CHEN M, CHEN Z, WU P, et al. Simultaneous oxidation and removal of arsenite by Fe(Ⅲ)/CaO_2 Fenton-like technology [J]. Water Research, 2021, 201: 117312.

[13] CHEN P, WANG F, CHEN Z-F, et al. Study on the photocatalytic mechanism and detoxicity of gemfibrozil by a sunlight-driven TiO_2/carbon dots photocatalyst: The significant roles of reactive oxygen species [J]. Applied Catalysis B: Environmental, 2017, 204: 250-259.

[14] CHEN Q, CHEN L, QI J, et al. Photocatalytic degradation of amoxicillin by carbon quantum dots modified $K_2Ti_6O_{13}$ nanotubes: Effect of light wavelength [J]. Chinese Chemical Letters, 2019, 30(6): 1214-1218.

[15] DAS T, SAIKIA B K, DEKABORUAH H P, et al. Blue-fluorescent and biocompatible carbon dots derived from abundant low-quality coals [J]. Journal of Photochemistry and Photobiology B-biology, 2019, 195: 1-11.

[16] DING L, YAN F, ZHANG Y, et al. Microflowers comprised of Cu/Cu_xO/NC nanosheets as electrocatalysts and horseradish peroxidase mimics [J]. ACS Applied Nano Materials, 2019, 3(1): 617-623.

[17] DING Y, WANG G, SUN F, et al. Heterogeneous nanostructure design based on the epitaxial growth of spongy MoS_x on 2D Co(OH)$_2$ nanoflakes for triple-enzyme mimetic activity: Experimental and density functional theory studies on the dramatic activation mechanism [J]. ACS Applied Materials & Interfaces, 2018, 10(38): 32567-32578.

[18] DONG Y, LIN J, CHEN Y, et al. Graphene quantum dots, graphene oxide, carbon quantum dots and graphite nanocrystals in coals [J]. Nanoscale, 2014, 6(13): 7410-7415.

[19] DU J, WANG J, HUANG W, et al. Visible light-activatable oxidase mimic of 9-mesityl-10-methylacridinium ion for colorimetric detection

of biothiols and logic operations [J]. Analytical Chemistry, 2018, 90 (16): 9959-9965.

[20] DU Q, LU G. The roles of various Ni species over SnO_2 in enhancing the photocatalytic properties for hydrogen generation under visible light irradiation [J]. Applied Surface Science, 2014, 305: 235-241.

[21] DU X Y, WANG C F, WU G, et al. The rapid and large-scale production of carbon quantum dots and their integration with polymers [J]. Angewandte Chemie International Edition, 2020, 133 (16): 8668-8678.

[22] DU Z, LI K, ZHOU S, et al. Degradation of ofloxacin with heterogeneous photo-Fenton catalyzed by biogenic Fe-Mn oxides [J]. Chemical Engineering Journal, 2020, 380: 122427.

[23] ETHORDEVIC L, ARCUDI F, CACIOPPO M, et al. A multifunctional chemical toolbox to engineer carbon dots for biomedical and energy applications [J]. Nature Nanotechnology, 2022, 17 (2): 112-130.

[24] FAN K, XI J, FAN L, et al. In vivo guiding nitrogen-doped carbon nanozyme for tumor catalytic therapy [J]. Nature Communications, 2018, 9 (1): 1440.

[25] FENG J, SU L, MA Y, et al. $CuFe_2O_4$ magnetic nanoparticles: A simple and efficient catalyst for the reduction of nitrophenol [J]. Chemical Engineering Journal, 2013, 221: 16-24.

[26] FUJISHIMA A, HONDA K. Electrochemical photolysis of water at a semiconductor electrode [J]. Nature, 1972, 238 (5358): 37-38.

[27] GAO L, ZHUANG J, NIE L, et al. Intrinsic peroxidase-like activity

of ferromagnetic nanoparticles [J]. Nature Nanotechnology, 2007, 2 (9): 577-583.

[28] GAO X, DU W, GONG X, et al. Carbon quantum dots promote charge transfer of $Ce_{0.7}Zr_{0.3}O_2$@Bi_2MoO_6 heterojunction for efficient photodegradation of RhB in visible region [J]. Optical Materials, 2020, 105: 109828.

[29] GENG B, YANG D, ZHENG F, et al. Facile conversion of coal tar to orange fluorescent carbon quantum dots and their composite encapsulated by liposomes for bioimaging [J]. New Journal of Chemistry, 2017, 41 (23): 14444-14451.

[30] GHOSH B K, HAZRA S, NAIK B, et al. Preparation of Cu nanoparticle loaded SBA-15 and their excellent catalytic activity in reduction of variety of dyes [J]. Powder Technology, 2015, 269: 371-378.

[31] GOTO H, HANADA Y, OHNO T, et al. Quantitative analysis of superoxide ion and hydrogen peroxide produced from molecular oxygen on photoirradiated TiO_2 particles [J]. Journal of Catalysis, 2004, 225 (1): 223-229.

[32] GUO J, LI Y, ZHU S, et al. Synthesis of WO_3@Graphene composite for enhanced photocatalytic oxygen evolution from water [J]. RSC Advances, 2012, 2 (4): 1356-1363.

[33] HAN M, ZHU S, LU S, et al. Recent progress on the photocatalysis of carbon dots: Classification, mechanism and applications [J]. Nano Today, 2018, 19: 201-218.

[34] HASAN Z, CHO D-W, CHON C-M, et al. Reduction of p-nitrophenol

by magnetic Co-carbon composites derived from metal organic frameworks [J]. Chemical Engineering Journal, 2016, 298: 183-190.

［35］HE F, ZHENG Y, FAN H, et al. Oxidase-inspired selective 2e/4e reduction of oxygen on electron-deficient Cu [J]. ACS Appllied Materials & Interfaces, 2020, 12（4）: 4833-4842.

［36］HE F, ZHU B, CHENG B, et al. 2D/2D/0D $TiO_2/C_3N_4/Ti_3C_2$ MXene composite S-scheme photocatalyst with enhanced CO_2 reduction activity [J]. Applied Catalysis B: Environmental, 2020, 272: 119006.

［37］HE M, GUO X, HUANG J, et al. Mass production of tunable multicolor graphene quantum dots from an energy resource of coke by a one-step electrochemical exfoliation [J]. Carbon, 2018, 140: 508-520.

［38］HIRAKAWA T, YAWATA K, NOSAKA Y. Photocatalytic reactivity for O_2^- and OH^- radical formation in anatase and rutile TiO_2 suspension as the effect of H_2O_2 addition [J]. Applied Catalysis A: General, 2007, 325（1）: 105-111.

［39］HOU Q, XUE C, LI N, et al. Self-assembly carbon dots for powerful solar water evaporation [J]. Carbon, 2019, 149: 556-563.

［40］HU C, LI M, QIU J, et al. Design and fabrication of carbon dots for energy conversion and storage [J]. Chemical Society Reviews, 2019, 48（8）: 2315-2337.

［41］HU C, YU C, LI M, et al. Chemically tailoring coal to fluorescent carbon dots with tuned size and their capacity for Cu（Ⅱ）detection [J]. Small, 2014, 10（23）: 4926-4933.

［42］HU C, YU C, LI M, et al. Nitrogen-doped carbon dots decorated on graphene: a novel all-carbon hybrid electrocatalyst for enhanced oxygen reduction reaction [J]. Chemical Communications 2015, 51 (16): 3419-3422.

[43] HU S, MENG X, TIAN F, et al. Dual photoluminescence centers from inorganic-salt-functionalized carbon dots for ratiometric pH sensing [J]. Journal of Materials Chemistry C, 2017, 5 (38): 9849-9853.

[44] HU S, TIAN R, DONG Y, et al. Modulation and effects of surface groups on photoluminescence and photocatalytic activity of carbon dots [J]. Nanoscale, 2013, 5 (23): 11665-11671.

[45] HU S, WEI Z, CHANG Q, et al. A facile and green method towards coal-based fluorescent carbon dots with photocatalytic activity [J]. Applied Surface Science, 2016, 378: 402-407.

[46] HU S, YANG W, LI N, et al. Carbon-dot-based heterojunction for engineering band-edge position and photocatalytic performance [J]. Small, 2018, 14 (44): 1803447.

[47] HUANG L, ZHANG H, HE Z, et al. In situ formation of nitrogen-doped carbon-wrapped Co_3O_4 enabling highly efficient and stable catalytic reduction of p-nitrophenol [J]. Chemical Communications, 2020, 56 (5): 770-773.

[48] HUANG X, ZHU N, MAO F, et al. Enhanced heterogeneous photo-Fenton catalytic degradation of tetracycline over yCeO_2/Fh composites: Performance, degradation pathways, Fe^{2+} regeneration and mechanism [J]. Chemical Engineering Journal, 2020, 392: 123636.

[49] HUANG Y, LIANG Y, RAO Y, et al. Environment-Friendly

Carbon Quantum Dots/ZnFe$_2$O$_4$ Photocatalysts: Characterization, Biocompatibility, and Mechanisms for NO Removal [J]. Environmental Science and Technology, 2017, 51 (5): 2924-2933.

[50] HUANG Y-F, ZHANG L, MA L, et al. Fe$_3$O$_4$@Cu/C and Fe$_3$O$_4$@CuO composites derived from magnetic metal-organic frameworks Fe$_3$O$_4$@HKUST-1 with improved peroxidase-like catalytic activity [J]. Catalysis Letters, 2019, 150 (3): 815-825.

[51] JIA J, SUN Y, ZHANG Y, et al. Facile and efficient fabrication of bandgap tunable carbon quantum dots derived from anthracite and their photoluminescence properties [J]. Frontiers in Chemistry, 2020, 8: 123-132.

[52] JIANG D B, LIU X, YUAN Y, et al. Biotemplated top-down assembly of hybrid Ni nanoparticles/N doping carbon on diatomite for enhanced catalytic reduction of 4-nitrophenol [J]. Chemical Engineering Journal, 2020, 383: 123156.

[53] JIANG J, SHI W, GUO F, et al. Preparation of magnetically separable and recyclable carbon dots/NiCo$_2$O$_4$ composites with enhanced photocatalytic activity for the degradation of tetracycline under visible light [J]. Inorganic Chemistry Frontiers, 2018, 5 (6): 1438-1444.

[54] JIN J, JIANG H, YANG Q, et al. Thermally activated triplet exciton release for highly efficient tri-mode organic afterglow [J]. Nature Communications, 2020, 11 (1): 842.

[55] JO W-K, KUMAR S, ISAACS M A, et al. Cobalt promoted TiO$_2$/GO for the photocatalytic degradation of oxytetracycline and Congo Red [J]. Applied Catalysis B: Environmental, 2017, 201: 159-168.

[56] JUAN LIU, YANG LIU, NAIYUN LIU, et al. Metal-free efficient photocatalyst for stable visible water splitting via a two-electron pathway [J]. Science, 2015: 970-974.

[57] KAKUMA Y, NOSAKA A, NOSAKA Y. Difference in TiO_2 photocatalytic mechanism between rutile and anatase studied by the detection of active oxygen and surface species in water [J]. Physical Chemistry Chemical Physics, 2015, 17: 18691-18698.

[58] KANG S, KIM K M, JUNG K, et al. Graphene oxide quantum dots derived from coal for bioimaging: facile and green approach [J]. Scientific Reports, 2019, 9 (1): 4101-4107.

[59] KARUNAKARAN C, DHANALAKSHMI R, GOMATHISANKAR P, et al. Enhanced phenol-photodegradation by particulate semiconductor mixtures: Interparticle electron-jump [J]. Journal of Hazardous materials, 2010, 176 (1): 799-806.

[60] KONG H, CHU Q, FANG C, et al. Cu-ferrocene-functionalized CaO_2 nanoparticles to enable tumor-specific synergistic therapy with GSH depletion and calcium overload [J]. Advanced Science, 2021, 8 (14): e2100241.

[61] LAN S, XIONG Y, TIAN S, et al. Enhanced self-catalytic degradation of CuEDTA in the presence of H_2O_2/UV: Evidence and importance of Cu-peroxide as a photo-active intermediate [J]. Applied Catalysis B: Environmental, 2016, 183: 371-376.

[62] LE S, YANG W, CHEN G, et al. Extensive solar light harvesting by integrating UPCL C-dots with $Sn_2Ta_2O_7$/SnO_2: Highly efficient photocatalytic degradation toward amoxicillin [J]. Environmental

Pollution, 2020, 263 (Pt A): 114550.

[63] LI H, HE X, KANG Z, et al. Water-soluble fluorescent carbon quantum dots and photocatalyst design [J]. Angewandte Chemie International Edition, 2010, 122: 4532-4536.

[64] LI H, ZHANG X, MACFARLANE D R. Carbon quantum dots / Cu_2O heterostructures for solar-light-driven conversion of CO_2 to methanol [J]. Advanced Energy Materials, 2015, 5 (5): 1401077.

[65] LI M, YU C, HU C, et al. Solvothermal conversion of coal into nitrogen-doped carbon dots with singlet oxygen generation and high quantum yield [J]. Chemical Engineering Journal, 2017, 320: 570-575.

[66] LI S, PANG E, GAO C, et al. Cerium-mediated photooxidation for tuning pH-dependent oxidase-like activity [J]. Chemical Engineering Journal, 2020, 397: 125471.

[67] LI X, XIE Y, JIANG F, et al. Enhanced phosphate removal from aqueous solution using resourceable nano-CaO_2/BC composite: Behaviors and mechanisms [J]. Science of the Total Environment, 2020, 709: 136123.

[68] LIANG M, YAN X. Nanozymes: From new concepts, mechanisms, and standards to applications [J]. Accounts of Chemical Research, 2019, 52 (8): 2190-2200.

[69] LIN T J, MENG X, SHI L. Catalytic hydrocarboxylation of acetylene to acrylic acid using Ni_2O_3 and cupric bromide as combined catalysts [J]. Journal of Molecular Catalysis A: Chemical, 2015, 396: 77-83.

[70] LIN Z, DU C, YAN B, et al. Two-dimensional amorphous NiO

as a plasmonic photocatalyst for solar H_2 evolution [J]. Nature Communications, 2018, 9(1): 4036.

[71] LIN Z, XIAO J, LI L, et al. Nanodiamond-Embedded p-type copper (I) oxide nanocrystals for broad-spectrum photocatalytic hydrogen evolution [J]. Advanced Energy Materials, 2016, 6(4): 1501865.

[72] LING P, ZHANG Q, CAO T, et al. Versatile three-dimensional porous Cu@Cu_2O aerogel networks as electrocatalysts and mimicking peroxidases [J]. Angewandte Chemie International Edition, 2018, 57(23): 6819-6824.

[73] LIU J, JIA Q, LONG J, et al. Amorphous NiO as co-catalyst for enhanced visible-light-driven hydrogen generation over g-C_3N_4 photocatalyst [J]. Applied Catalysis B: Environmental, 2018, 222: 35-43.

[74] LIU J, MENG L, FEI Z, et al. On the origin of the synergy between the Pt nanoparticles and MnO_2 nanosheets in wonton-like 3D nanozyme oxidase mimics [J]. Biosensors and Bioelectronics, 2018, 121: 159-165.

[75] LIU L H, ZHANG Y H, QIU W X, et al. Dual-stage light amplified photodynamic therapy against hypoxic tumor based on an O_2 self-sufficient nanoplatform [J]. Small, 2017, 13(37): 1701621.

[76] LIU Q, ZHANG J, HE H, et al. Green preparation of high yield fluorescent graphene quantum dots from coal-tar-pitch by mild oxidation [J]. Nanomaterials, 2018, 8(10): 844-853.

[77] LIU Y, LI X, ZHANG Q, et al. A General route to prepare low-

ruthenium-content bimetallic electrocatalysts for pH-universal hydrogen evolution reaction by using carbon quantum dots [J]. Angewandte Chemie International Edition, 2020, 59 (4): 1718-1726.

[78] MA D, SHI J-W, SUN L, et al. Knack behind the high performance CdS/ZnS-NiS nanocomposites: Optimizing synergistic effect between cocatalyst and heterostructure for boosting hydrogen evolution [J]. Chemical Engineering Journal, 2022, 431: 133446.

[79] MA J, JIA N, SHEN C, et al. Stable cuprous active sites in Cu^+-graphitic carbon nitride: Structure analysis and performance in Fenton-like reactions [J]. Journal of Hazardous materials, 2019, 378: 120782.

[80] MAI H, CHEN D, TACHIBANA Y, et al. Developing sustainable, high-performance perovskites in photocatalysis: design strategies and applications [J]. Chemical Society Reviews, 2021, 50 (24): 13692-13729.

[81] MAIMAITI H, AWATI A, ZHANG D, et al. Synthesis and photocatalytic CO_2 reduction performance of aminated coal-based carbon nanoparticles [J]. RSC Advances, 2018, 8 (63): 35989-35997.

[82] MANDLIMATH T R, GOPAL B. Catalytic activity of first row transition metal oxides in the conversion of p-nitrophenol to p-aminophenol [J]. Journal of Molecular Catalysis A: Chemical, 2011, 350 (1): 9-15.

[83] MAO S, SHI J-W, SUN G, et al. Cu (Ⅱ) decorated thiol-functionalized MOF as an efficient transfer medium of charge carriers promoting photocatalytic hydrogen evolution [J]. Chemical Engineering Journal, 2021, 404: 126533.

[84] MEDHI R, MARQUEZ M D, LEE T R. Visible-light-active doped metal oxide nanoparticles: Review of their synthesis, properties, and applications [J]. ACS Applied Nano Materials, 2020, 3(7): 6156-6185.

[85] MENG X, CHANG Q, XUE C, et al. Full-colour carbon dots: from energy-efficient synthesis to concentration-dependent photoluminescence properties [J]. Chemical Communications, 2017, 53(21): 3074-3077.

[86] NIE H, LIU Y, LI Y, et al. In-situ transient photovoltage study on interface electron transfer regulation of carbon dots / $NiCo_2O_4$ photocatalyst for the enhanced overall water splitting activity [J]. Nano Research, 2022, 15(3): 1786-1795.

[87] NOSAKA Y, NOSAKA A Y. Generation and detection of reactive oxygen species in photocatalysis [J]. Chemical Reviews, 2017, 117(17): 11302-11336.

[88] PARDESHI S K, PATIL A B. A simple route for photocatalytic degradation of phenol in aqueous zinc oxide suspension using solar energy [J]. Solar Energy, 2008, 82(8): 700-705.

[89] PI L, CAI J, XIONG L, et al. Generation of H_2O_2 by on-site activation of molecular dioxygen for environmental remediation applications: A review [J]. Chemical Engineering Journal, 2020, 389: 123420.

[90] PIGNATELLO J J, OLIVEROS E, MACKAY A. Advanced oxidation processes for organic contaminant destruction based on the Fenton reaction and related chemistry [J]. Critical Reviews in Environmental Science and Technology, 2006, 36(1): 1-84.

[91] QU Y, XU X, HUANG R, et al. Enhanced photocatalytic degradation of antibiotics in water over functionalized N, S-doped carbon quantum dots embedded ZnO nanoflowers under sunlight irradiation [J]. Chemical Engineering Journal, 2020, 382: 123016.

[92] ROSENFELDT E J, LINDEN K G, CANONICA S, et al. Comparison of the efficiency of ·OH radical formation during ozonation and the advanced oxidation processes O_3/H_2O_2 and UV/H_2O_2 [J]. Water Research, 2006, 40(20): 3695-3704.

[93] SAFEER N. K M, ALEX C, JANA R, et al. Remarkable CO_x tolerance of Ni^{3+} active species in a Ni_2O_3 catalyst for sustained electrochemical urea oxidation [J]. Journal of Materials Chemistry A, 2022, 10(8): 4209-4221.

[94] SAIKIA M, HOWER J C, DAS T, et al. Feasibility study of preparation of carbon quantum dots from Pennsylvania anthracite and Kentucky bituminous coals [J]. Fuel, 2019, 243: 433-440.

[95] SCHATZ M, RAAB V, FOXON S P, et al. Combined spectroscopic and theoretical evidence for a persistent end-on copper superoxo complex [J]. Angewandte Chemie International Edition, 2004, 43(33): 4360-4363.

[96] SELLERS R M. Spectrophotometric determination of hydrogen peroxide using potassium titanium(IV) oxalate [J]. Analyst, 1980, 105(1255): 950-954.

[97] SENTHIL K T, SURESH R, DHARMALINGAM P. Fluorescent carbon nano dots from lignite: unveiling the impeccable evidence for quantum confinement [J]. Physical Chemistry Chemical Physics, 2016, 18

（17）：12065-12073.

[98] SHARMA S, MEHTA S K, IBHADON A O, et al. Fabrication of novel carbon quantum dots modified bismuth oxide (alpha-Bi_2O_3/C-dots): Material properties and catalytic applications [J]. Journal of Colloid and Interface Science, 2019, 533: 227-237.

[99] SHARMA S, UMAR A, MEHTA S K, et al. Solar light driven photocatalytic degradation of levofloxacin using TiO_2/carbon-dot nanocomposites [J]. New Journal of Chemistry, 2018, 42(9): 7445-7456.

[100] SHEN C, LI H, WEN Y, et al. Spherical Cu_2O-Fe_3O_4@chitosan bifunctional catalyst for coupled Cr-organic complex oxidation and Cr (VI) capture-reduction [J]. Chemical Engineering Journal, 2020, 383: 123105.

[101] SHEN J, ZHU Y, YANG X, et al. One-pot hydrothermal synthesis of graphenequantum dots surface-passivated by polyethylene glycol and their photoelectric conversion under near-infrared light [J]. New Journal of Chemistry, 2012, 36(1): 97-101.

[102] SODEIFIAN G, BEHNOOD R. Hydrothermal synthesis of N-doped GQD/CuO and N-doped GQD/ZnO nanophotocatalysts for MB dye removal under visible light irradiation: Evaluation of a new procedure to produce N-doped GQD/ZnO [J]. Journal of Inorganic and Organometallic Polymers and Materials, 2019, 30(4): 1266-1280.

[103] SONG X, CHEN P, LUO X, et al. A novel laminated Fe_3O_4/CaO_2 composite for ultratrace arsenite oxidation and adsorption in aqueous

solutions [J]. Journal of Environmental Chemical Engineering, 2019, 7(5): 103427.

[104] SUN G, XIAO B, ZHENG H, et al. Ascorbic acid functionalized CdS-ZnO core-shell nanorods with hydrogen spillover for greatly enhanced photocatalytic H_2 evolution and outstanding photostability [J]. Journal of Materials Chemistry A, 2021, 9(15): 9735-9744.

[105] SUN S, SHEN G, CHEN Z, et al. Harvesting urbach tail energy of ultrathin amorphous nickel oxide for solar-driven overall water splitting up to 680 nm [J]. Applied Catalysis B: Environmental, 2021, 285: 119798.

[106] SUN Y, ZHOU B, LIN Y, et al. Quantum-sized carbon dots for bright and colorful photoluminescence [J]. Journal of the American Chemical Society 2006, 128: 7756-7757.

[107] TAN B, YE X, LI Y, et al. Defective anatase TiO_{2-x} mesocrystal growth in situ on g-C_3N_4 nanosheets: Construction of 3D/2D Z-scheme heterostructures for highly efficient visible-light photocatalysis [J]. Chemistry-A European Journal, 2018, 24(50): 13311-13321.

[108] TANG Z M, LIU Y Y, NI D L, et al. Biodegradable nanoprodrugs: "Delivering" ROS to cancer cells for molecular dynamic therapy [J]. Advanced Materials, 2020, 32(4): e1904011.

[109] TRUONG H B, HUY B T, RAY S K, et al. H_2O_2-assisted photocatalysis for removal of natural organic matter using nanosheet C_3N_4-WO_3 composite under visible light and the hybrid system with ultrafiltration [J]. Chemical Engineering Journal, 2020, 399:

125733.

[110] UMRAO S, SHARMA P, BANSAL A, et al. Multi-layered graphene quantum dots derived photodegradation mechanism of methylene blue [J]. RSC Advances, 2015, 5(64): 51790-51798.

[111] VAZQUEZ-GONZALEZ M, LIAO W C, CAZELLES R, et al. Mimicking horseradish peroxidase functions using Cu^{2+}-modified carbon nitride nanoparticles or Cu^{2+}-modified carbon dots as heterogeneous catalysts [J]. ACS Nano, 2017, 11(3): 3247-3253.

[112] VILARDI G, SEBASTIANI D, MILIZIANO S, et al. Heterogeneous nZVI-induced Fenton oxidation process to enhance biodegradability of excavation by-products [J]. Chemical Engineering Journal, 2018, 335: 309-320.

[113] WANG B, LU S. The light of carbon dots: From mechanism to applications [J]. Matter, 2022, 5(1): 110-149.

[114] WANG F, LIU Y, MA Z, et al. Enhanced photoelectrochemical response in $SrTiO_3$ films decorated with carbon quantum dots [J]. New Journal of Chemistry, 2013, 37(2): 290-294.

[115] WANG H, WEI Z, MATSUI H, et al. Fe_3O_4/carbon quantum dots hybrid nanoflowers for highly active and recyclable visible-light driven photocatalyst [J]. Journal of Materials Chemistry A, 2014, 2(38): 15740-15745.

[116] WANG H, ZHANG L, HU C, et al. Enhanced Fenton-like catalytic performance of Cu-Al/KIT-6 and the key role of O_2 in triggering reaction [J]. Chemical Engineering Journal, 2020, 387: 124006.

[117] WANG J, TANG L, ZENG G, et al. 0D/2D interface engineering

of carbon quantum dots modified Bi_2WO_6 ultrathin nanosheets with enhanced photoactivity for full spectrum light utilization and mechanism insight [J]. Applied Catalysis B: Environmental, 2018, 222: 115-123.

[118] WANG Z, LIU Q, YANG F, et al. Accelerated oxidation of 2, 4, 6-trichlorophenol in Cu(II)/H_2O_2/Cl^- system: A unique "halotolerant" Fenton-like process? [J]. Environment International, 2019, 132: 105128.

[119] WEI S, FENG K, LI C, et al. $ZnCl_2$ enabled synthesis of highly crystalline and emissive carbon dots with exceptional capability to generate O_2^- [J]. Matter, 2020, 2(2): 495-506.

[120] XIE R, ZHANG L, XU H, et al. Construction of up-converting fluorescent carbon quantum dots/$Bi_{20}TiO_{32}$ composites with enhanced photocatalytic properties under visible light [J]. Chemical Engineering Journal, 2017, 310: 79-90.

[121] XIE Z, FENG Y, WANG F, et al. Construction of carbon dots modified MoO_3/g-C_3N_4 Z-scheme photocatalyst with enhanced visible-light photocatalytic activity for the degradation of tetracycline [J]. Applied Catalysis B: Environmental, 2018, 229: 96-104.

[122] XU L, WANG J. Magnetic nanoscaled Fe_3O_4/CeO_2 composite as an efficient Fenton-like heterogeneous catalyst for degradation of 4-chlorophenol [J]. Environmental Science and Technology, 2012, 46(18): 10145-10153.

[123] XU Q, ZHU B, JIANG C, et al. Constructing 2D/2D Fe_2O_3/g-C_3N_4 direct Z-Scheme photocatalysts with enhanced H_2 generation

performance [J]. Solar RRL, 2018, 2（3）：1800006.

[124] XU X, RAY R, GU Y, et al. Electrophoretic analysis and purification of fluorescent single-walled carbon nanotube fragments [J]. Journal of the American Chemical Society, 2004, 126：12736-12737.

[125] XUE H, YAN Y, HOU Y, et al. Novel carbon quantum dots for fluorescent detection of phenol and insights into the mechanism [J]. New Journal of Chemistry, 2018, 42（14）：11485-11492.

[126] ZHOU X J, ZHANG Y, WANG C, et al. Photo-fenton reaction of graphene oxide: A new strategy to prepare graphene quantum dots for DNA cleavage [J]. ACS Nano, 2012, 6：6592-6599.

[127] YANG Y, ZHANG C, HUANG D, et al. Boron nitride quantum dots decorated ultrathin porous g-C_3N_4: Intensified exciton dissociation and charge transfer for promoting visible-light-driven molecular oxygen activation [J]. Applied Catalysis B: Environmental, 2019, 245：87-99.

[128] YE R, PENG Z, METZGER A, et al. Bandgap engineering of coal-derived graphene quantum dots [J]. ACS Applied Materials & Interfaces, 2015, 7（12）：7041-7048.

[129] YE R, XIANG C, LIN J, et al. Coal as an abundant source of graphene quantum dots [J]. Nature Communication, 2013, 4：2943-2949.

[130] YEW Y T, LOO A H, SOFER Z, et al. Coke-derived graphene quantum dots as fluorescence nanoquencher in DNA detection [J]. Applied Materials Today, 2017, 7：138-143.

[131] YU H, SHI R, ZHAO Y, et al. Smart utilization of carbon dots in

semiconductor photocatalysis [J]. Advanced Materials, 2016, 28 (43): 9454-9477.

[132] YU H, ZHAO Y, ZHOU C, et al. Carbon quantum dots / TiO_2 composites for efficient photocatalytic hydrogen evolution [J]. Journal of Materials Chemistry A, 2014, 2 (10): 3259-3678.

[133] YUAN X, ZHANG J, YAN M, et al. Nitrogen doped carbon quantum dots promoted the construction of Z-scheme system with enhanced molecular oxygen activation ability [J]. Journal of Colloid and Interface Science, 2019, 541: 123-132.

[134] ZHANG J, LIU J. Light-activated nanozymes: catalytic mechanisms and applications [J]. Nanoscale, 2020, 12 (5): 2914-2923.

[135] ZHANG J, WU S, LU X, et al. Manganese as a catalytic mediator for photo-oxidation and breaking the pH limitation of nanozymes [J]. Nano Letters, 2019, 19 (5): 3214-3220.

[136] ZHANG Q, ZHANG K, XU D, et al. CuO nanostructures: Synthesis, characterization, growth mechanisms, fundamental properties, and applications [J]. Progress in Materials Science, 2014, 60: 208-337.

[137] ZHANG S, CAO C, LV X, et al. A H_2O_2 self-sufficient nanoplatform with domino effects for thermal-responsive enhanced chemodynamic therapy [J]. Chemical Science, 2020, 11 (7): 1926-1934.

[138] ZHANG S, WEI Y, METZ J, et al. Persistent free radicals in biochar enhance superoxide-mediated Fe(Ⅲ)/Fe(Ⅱ) cycling and the efficacy of CaO_2 Fenton-like treatment [J]. Journal of Hazardous materials, 2021, 421: 126805.

[139] ZHANG S, ZHONG L, XU Z, et al. Mineral-modulated Co catalyst with enhanced adsorption and dissociation of BH_4^- for hydrogenation of p-nitrophenol to p-aminophenol [J]. Chemosphere, 2022, 291: 132871.

[140] ZHANG S, ZHU J, QING Y, et al. Construction of hierarchical porous carbon nanosheets from template-assisted assembly of coal-based graphene quantum dots for high performance supercapacitor electrodes [J]. Materials Today Energy, 2017, 6: 36-45.

[141] ZHANG Y, LI K, REN S, et al. Coal-derived graphene quantum dots produced by ultrasonic physical tailoring and their capacity for Cu(II) detection [J]. ACS Sustainable Chemistry & Engineering, 2019, 7(11): 9793-9799.

[142] ZHANG Y, XIAO Y, ZHONG Y, et al. Comparison of amoxicillin photodegradation in the UV/H_2O_2 and UV/persulfate systems: Reaction kinetics, degradation pathways, and antibacterial activity [J]. Chemical Engineering Journal, 2019, 372: 420-428.

[143] ZHANG Y-Q, MA D-K, ZHANG Y-G, et al. N-doped carbon quantum dots for TiO_2-based photocatalysts and dye-sensitized solar cells [J]. Nano Energy, 2013, 2(5): 545-552.

[144] ZHAO G, HU H, CHEN W, et al. Ni_2O_3-Au^+ hybrid active sites on NiOx@Au ensembles for low-temperature gas-phase oxidation of alcohols [J]. Catalysis Science & Technology, 2013, 3(2): 404-408.

[145] ZHU Y, ZHU R, XI Y, et al. Strategies for enhancing the heterogeneous Fenton catalytic reactivity: A review [J]. Applied Catalysis B: Environmental, 2019, 255: 117739-117754.